Matthias Collin

In zwölf Schritten einfach besser werden

Matthias Collin

In zwölf Schritten einfach besser werden

Praxisleitfaden zur
Unternehmensoptimierung

GABLER

Bibliografische Information der Deutschen Nationalbibliothek
Die Deutsche Nationalbibliothek verzeichnet diese Publikation in der
Deutschen Nationalbibliografie; detaillierte bibliografische Daten sind im Internet über
<http://dnb.d-nb.de> abrufbar.

1. Auflage 2010

Alle Rechte vorbehalten
© Gabler Verlag | Springer Fachmedien Wiesbaden GmbH 2010

Ghostwriting: Evelin Voigt-Eggert
Lektorat: Stefanie A. Winter

Gabler Verlag ist eine Marke von Springer Fachmedien.
Springer Fachmedien ist Teil der Fachverlagsgruppe Springer Science+Business Media.
www.gabler.de

Umschlaggestaltung: KünkelLopka Medienentwicklung, Heidelberg
Druck und buchbinderische Verarbeitung: STRAUSS GMBH, Mörlenbach
Gedruckt auf säurefreiem und chlorfrei gebleichtem Papier
Printed in the Netherlands

ISBN 978-3-8349-1155-1

Vorwort

„Der Mensch hat dreierlei Wege klug zu handeln:
Erstens durch Nachdenken, das ist der edelste,
zweitens durch Nachahmen, das ist der leichteste,
und drittens durch Erfahrung, das ist der bitterste.“

[Konfuzius, chin. Philosoph]

Unternehmensleitung ist überaus vielschichtig. Im Alltagsgeschäft bleiben viele Potenziale aus Mangel an Zeit oder an personellen Ressourcen ungenutzt oder notwendige Veränderungen werden zu spät in die Wege geleitet. Dieses Buch versteht sich deshalb einerseits als Sanierungsanleitung für Unternehmen in der Krise und andererseits als Ratgeber für vorausschauende Unternehmen, die durch stetige Optimierung der eigenen Organisation ein Abrutschen in Verlustzonen nachhaltig verhindern wollen.

Über Unternehmensführung im Allgemeinen und Turnaround im Speziellen wurde schon vieles geschrieben, ich habe einiges davon mit Interesse gelesen. Besonders überzeugt und zum Handeln ermuntert haben mich „Auf der Suche nach Spitzenleistungen“ von Thomas J. Peters und Robert H. Waterman und „Die zweite Revolution in der Automobilindustrie“ der Autoren James P. Womack, Daniel T. Jones und Daniel Roos. Beim Vergleich des Gelesenen mit dem Geschehen bei meinem früheren langjährigen Arbeitgeber musste ich vor 20 Jahren feststellen: Das Traditionsunternehmen mit weit über 100 Jahren Erfahrung und Geschichte war stehen geblieben, während andere sich veränderten und verbesserten. Im Frühjahr 1992 stand deshalb die Edelstahlgießerei des Unternehmens, in dem ich mich im Laufe von 20 Jahren vom kaufmännischen Lehrling zum Personalleiter entwickelt hatte, vor dem Aus. Obwohl die Produktionsanlagen modern waren, wir mit exzellenten Werkstoffen arbeiteten und die Mitarbeiter höchst qualifiziert waren, verbuchte die Gießerei über Jahre hinweg hohe Verluste. Mehrere Wechsel in der Führung waren wirkungslos geblieben, ein Ansatz für eine Verbesserung blieb aus, obwohl diese wiederholt in vielen Präsentationen prognostiziert worden war. Es schien unabwendbar, das Werk zu schließen. Darüber hinaus wäre die zum Unternehmen gehörende und ebenfalls angeschlagene Maschinenfabrik durch die fehlende Gusszulieferung stark gefährdet gewesen. Dieses Ende wollte ich nicht, der Betriebsrat nicht und kein Mitarbeiter der Gießerei und Maschinenfabrik. Nach einer Aufnahme des Ist-Zustands entwickelte ich einen einfachen und klar verständlichen Sanierungsplan. Er sollte unmittelbar beginnen und hatte zum Ziel, das Unternehmen innerhalb von zwei Jahren aus der Verlustzone zu führen. Die Gesellschafter akzeptierten, und wir begannen im Juni 1992 mit der Umsetzung. Bereits 1993 erwirtschafteten wir ein ausgeglichenes und 1994 ein positives operatives Ergebnis.

Für mich persönlich war dieser Turnaround der Beginn einer zweiten Karriere, in deren Verlauf ich zusammen mit meinem Geschäftspartner Alexander Leis fünf Produktionsunternehmen sanierte bzw. neu aufbaute. Alle Firmen schrieben tiefrote Zahlen, als wir sie übernahmen. In allen Fällen gelang es, innerhalb von ein bis zwei Jahren ein betriebswirtschaftlich positives bis sehr positives Ergebnis zu erringen. In Zahlen ausgedrückt sieht die Bilanz so aus: Es gelangen Ergebnisverbesserungen von über 40 Prozent. So wurden beispielsweise aus 40 Prozent Verlust p. a. fünf Prozent Gewinn oder aus zehn Prozent minus 25 Prozent plus. Wir konnten die Produktivität fast verdoppeln und die Lieferzeiten um 80 Prozent reduzieren. Mit 99 Prozent Liefertreue gewannen wir letztendlich sogar abtrünnige Kunden zurück. In der Gießerei gelang es uns innerhalb von zwei Jahren, den Ausschussanteil von 15 auf zwei Prozent zu senken, und im Tresorbau erreichten wir im Laufe von drei Jahren die Reduzierung der Reklamationen von über fünf auf unter ein Prozent.

Alle Firmen schrieben tiefrote Zahlen, als wir sie übernahmen. In allen Fällen gelang innerhalb von ein bis zwei Jahren ein Turnaround mit Ergebnisverbesserungen von über 40 Prozent.

Ich habe in allen Unternehmungen meine Ziele und die Vorgehensweise zum Erreichen derselben immer deutlichst kommuniziert sowie die strikte Einhaltung des Weges eingefordert. Da ich immer nach ähnlichem Muster vorgegangen bin und mit vergleichbaren Tools arbeitete, berechtigt das zu folgender Annahme: Die Methodik ist universell gültig. Eine Erkenntnis, die mich letztendlich zum Verfassen des hier vorliegenden Buches motivierte. Das Buch will zum Experimentieren anregen, mit einfachen und konkreten Hinweisen beim Handeln unterstützen. Anhand realer, erfolgreich verlaufener Praxisbeispiele zeige ich, durch die Anwendung der Maßnahmen verändern sich nicht nur Zahlenwerk und finanzielle Situation. Ein völlig verändertes Betriebsklima getragen von Verantwortungsbewusstsein, Kreativität und großer Zufriedenheit entwickelt sich. Wenn Sie sich also darauf einlassen, in Ihrem Unternehmen einen Turnaround anzugehen, werden Sie nicht nur betriebswirtschaftlich zufriedener sein, Ihr Unternehmen wird Ihnen auch wieder Freude bereiten.

> Die Organisation rangiert grundsätzlich vor dem Individuum, aber trotzdem sind verantwortungsbewusste Mitarbeiter das wertvollste Kapital jedes Unternehmens.

Im Vordergrund stand für mich immer die langfristige Sicherung des Unternehmens am Markt. Als schön und besonders befriedigend in meiner Arbeit möchte ich hervorheben: Es ist mir immer gelungen, eine hoch motivierte und überaus zufriedene Belegschaft zu bilden. Ich habe stets die Menschen als Träger von Erfolg und Misserfolg im Blick gehabt und bin dabei meinem Motto Organisation geht vor Individuum trotzdem treu geblieben.

Als langjähriger Personalchef durfte ich sowohl Freuden als auch Tücken der Mitarbeiterführung kennenlernen und gelangte zu der Erkenntnis: Ohne eine in der Mehrheit engagierte und mündige Belegschaft überlebt kein Unternehmen. Denn: Erfolg ist niemals Zufall und hat immer viele Väter und Mütter. Ich habe deshalb grundsätzlich mit offenen Karten gespielt. Auftrags- und Finanzsituation, Gewinn- und Verlustrechnungen bis hin zu meinem persönlichen Gehalt waren für jedermann im Unternehmen einsehbar. Alle begriffen, was es bedeutet, ein Unternehmen zu führen, die Mitarbeiter lernten, was Investitionen sind, warum man Rückstellungen bilden muss und verstanden, dass Erlöse nicht komplett ausgeschüttet werden durften. Gewinne wurden fair verteilt und nicht als Eigentum der Leitenden definiert. Jeder Arbeiter verdient genauso viel Respekt wie ein leitender Angestellter. Die Anerkennung der Leistung, nicht nur über die Entlohnung, sondern auch durch die Schaffung angemessener Arbeitsbedingungen ist Ehrensache.

Mit wenig Aufwand lassen sich Motivation und Arbeitsmoral spürbar verbessern. Weiße Farbe für ergraute Fassaden und Innenräume, die Renovierung der sanitären Einrichtungen, das systematische Entrümpeln des Betriebsgeländes und die Anschaffung neuer Arbeitsbekleidung bewirken Wunder. Und: Haben Sie ein offenes Ohr für die Basis, gehen Sie regelmäßig in die Produktion oder spielen Sie Fußball mit Kollegen und suchen Sie sich wenigstens einen Menschen im Unternehmen, dem Sie wirklich vertrauen können! Eine konkrete Rückmeldung für das eigene Handeln sowie eine andere Sicht auf die gleichen Probleme sind unbezahlbar. Ich habe immer in sehr regem Austausch mit einem vertrauenswürdigen Sparringspartner gearbeitet. Ohne meinen langjährigen Freund und Geschäftspartner Alexander Leis wären alle Unternehmungen weniger erfolgreich gewesen. Er hielt den Vertrieb am Laufen, während ich mich auf die Sanierung konzentrierte. Seine ehrliche, oft auch schonungslose Kritik, seine Anmerkungen und Anregungen waren stets sehr nützlich. Wenn er meinte, ich müsse eine Entscheidung revidieren oder mich bei Mitarbeitern für etwas entschuldigen, habe ich das getan und mich mehr als einmal davon überzeugen können, wie recht er mit seiner Kritik hatte. Die eigene Sicht kann gerade in schwierigen Zeiten schnell zum gefährlichen Tunnelblick führen. Schützen Sie sich davor. Halten Sie ein wenig inne. Eine andere Herangehensweise schafft viel Spielraum.

Ich persönlich war immer mit Spaß bei der Arbeit und durfte erleben, wie auch die Mitarbeiter der jeweiligen Firmen mit großer Freude zum Gelingen beitrugen. So schufen mein Partner Alexander Leis und ich beispielsweise beim Aufbau einer Konfektionierungsfabrik mit etwa 25 beschäftigten Frauen in Tschechien nur die Rahmenbedingungen. Wir trugen Sorge für die Qualifizierung der Mitarbeiterinnen und vereinbarten eindeutige Ziele bezüglich der zu produzierenden Menge, Qualität und Lieferzeit. Alles andere, wie zum Beispiel Arbeitszeit, Tätigkeitszuordnung und Optimierung des Produktionsablaufes, übernahmen die Mitarbeiterinnen in eigener Regie. Wir standen ausschließlich als Ratgeber und zur Motivation bereit. Innerhalb von Wochen entstand ein höchst erfolgreiches Unternehmen mit einer enormen Freude der Belegschaft an der Arbeit. Parallel errichteten wir eine Metallbearbeitungsfirma mit etwa 40 Mitarbeitern, die bereits nach drei Monaten sehr zufriedenstellend Unternehmen in Deutschland und Tschechien belieferte. Auch hier zeigte sich bereits nach kurzer Zeit, dass die Beteiligten hoch motiviert und innovativ waren.

In der folgenden Einführung finden Sie Wissenswertes zur Handhabung meines Ratgebers und eine kurze Erläuterung der beiden wichtigsten, zur Bearbeitung aller Kapitel hilfreichen Tools. Last but not least sei an dieser Stelle hervorgehoben: Die Mitarbeit von Frauen schätze ich außerordentlich. Allein aus Gründen einer guten Lesbarkeit habe ich auf geschlechtsspezifische Bezeichnungen in diesem Buch verzichtet. Selbstverständlich sind immer auch Kolleginnen, Arbeiterinnen, Mitarbeiterinnen und Leiterinnen gemeint.

Viel Erfolg und Spaß beim Lesen und Umsetzen!

Wiesbaden, im Frühjahr 2010   Matthias Collin

🔊 *Maßgeblich entscheidend für den Wandel sind die Menschen im Unternehmen. Die persönliche Kommunikation mit allen Mitarbeitern ist die Grundlage bzw. die Voraussetzung dafür, dass Ihre späteren Botschaften in Betriebsversammlungen, über Aushänge oder in Mitarbeiterzeitungen angehört oder gelesen und ernsthaft überdacht werden. Es sind die weichen Faktoren, die den nachhaltigen Erfolg meiner Unternehmungen ausmachen. Ich möchte sie Ihnen darum immer wieder ins Gedächtnis rufen.*

Die Besonderheiten meines persönlichen Führungsstils ziehen sich deshalb als übergeordnete Ebene unabhängig vom fachlichen Fokus der Kapitel sprichwörtlich als roter Faden durch das Buch. Das Symbol: 🔊 *dient der Kennzeichnung.*

Inhaltsverzeichnis

Einführung

Das vorliegende Buch umfasst 12 Kapitel mit jeweils einem konkreten Tool, durch dessen Anwendung Veränderungen im Unternehmen erreicht werden. Ziel ist immer eine quantifizierbare Ergebnisverbesserung durch mehr Umsatz oder reduzierte Kosten. Die Reihenfolge der Kapitel entstand auf Basis meiner Erfahrungswerte. Sie muss nicht zwingend als verbindlich angesehen werden. Starten Sie mit dem Kapitel, das bei Ihnen Lösungen für ein akutes Probleme anbietet. Danach sollten Sie aber unbedingt den Status quo analysieren, die Blaupause erarbeiten und Grundsätze definieren, bevor Sie sich der Umsetzung weiterer Kapitel zuwenden.

Sie werden beim Lesen immer wieder auf zwei Begriffe stoßen: Degressionsliste und Pareto. Das Pareto-Prinzip ist den meisten von Ihnen vermutlich bekannt. Bereits Anfang des 19. Jahrhunderts entwickelte der italienische Wirtschaftswissenschaftler Vilfredo Pareto eine bildliche Darstellung, um aus einer Vielzahl von Einflussgrößen diejenige herauszufinden, die unter einem bestimmten Gesichtspunkt die bedeutendste ist. Er fand heraus, dass oft wenige Ursachen einen Großteil der Wirkung erzeugen. Zu Beginn der 50er Jahre wurde aus dieser Erkenntnis das sogenannte Pareto-Prinzip formuliert. Es besagt: 20 Prozent der Ursachen erzeugen oft 80 Prozent der Probleme. Die entscheidenden 20 Prozent ermitteln Sie am einfachsten mit Hilfe von Degressionslisten. Sie zu erstellen, ist vor allem Fleißarbeit und prinzipiell zu allen Themen sinnvoll. Degressionslisten eröffnen eine neue Art von Transparenz und erlauben Rückschlüsse, die mit herkömmlichen Ordnungskriterien wie Alphabet, Sachgruppen, Produktlinien o. Ä. nicht möglich sind.

> Das Pareto-Prinzip und Degressionslisten sind die beiden wichtigsten Werkzeuge für meinen Optimierungsprozess. Um Ersteres anwenden zu können, benötigen Sie zwingend Letztere.

Das Wissen über Mengen allein hilft Ihnen wenig. Sie benötigen Erkenntnisse über Werte und Nutzen, um gewichten zu können und schlussendlich Maßnahmen einleiten zu können. Nehmen wir zum Beispiel die Themen Personal und Einkommen. Natürlich verdient ein Manager gewöhnlich mehr als ein Teamleiter, aber haben Sie sich schon einmal Gedanken darüber gemacht, wie viel mehr Sie im Verhältnis zu einem Facharbeiter verdienen oder der engagierte Dreher im Vergleich zu seinem Kollegen? Wenn der eine mit Nachnamen Albrecht und der andere Müller oder gar Zollner heißt, stehen sie auf gewöhnlichen Listen so weit auseinander, dass ein Vergleich nur bei gezielter Suche möglich ist. Wenn Sie aber die Gehälter aller Ihrer Mitarbeiter degressiv auf- oder absteigend sortieren, erhalten Sie eine völlig andere Sicht auf die Einkommensstruktur in Ihrer Firma. Dann fällt Ihnen auf, dass der mitdenkende Dreher vielleicht im Verhältnis zu anderen unterbezahlt ist. Auf Nachfrage beim Betriebsrat nach dem Warum, erfahren Sie unter Umständen, dass der direkte Vorgesetzte des Drehers dessen ständige Suche nach Verbesserungen persönlich nicht schätzt, weil das Unruhe in seinen eigenen Tagesablauf bringt. Alle anderen Dreher nehmen zur Kenntnis: Wer zu viel denkt, wird bei Lohnerhöhungen benachteiligt. Sie schlussfolgern daraus für sich schnell: Mit Dienst nach Vorschrift fahren wir besser. Für Ihr Unternehmen hat das fatale Auswirkungen. Bei der Lieferantenanalyse werden Sie mit Blick auf eine degressiv geordnete Liste schnell erkennen, dass von vielleicht hundert Zulieferern die 20 oben Stehenden 80 Prozent Ihres Bedarfs decken. Am Ende der Liste entdecken Sie mit hoher Wahrscheinlichkeit Firmen, die Kleinstmengen von Dingen liefern, die Sie auch von den oben stehenden Großen beziehen könnten und noch dazu zu deutlich besseren Konditionen. Dies ist ein typisches Beispiel für menschliches Wirken. Irgendwann einmal hieß es: „Das bestellen wir gleich mal schnell bei der Firma um die Ecke, oder bei Herrn X, der Prokurist kennt dessen Familie gut." Auf diesem Wege entstehen kontinuierlich und unbemerkt in jeder Organisation Abweichungen. Das ist menschlich und auch nicht zu verhindern, aber Sie als Chef haben die Aufgabe, solche Missstände aufzudecken und zu beseitigen. Diese sind in Summe eine erhebliche Verlustquelle.

Problemfälle werden Sie auch unter den Kunden aufspüren. Mit den letzten 80 Prozent Ihrer Kundendegressionsliste werden Sie nach Pareto nur 20 Prozent ihres Umsatzes generieren. Unter ihnen werden mit höchster Wahrscheinlichkeit Unternehmen sein, deren Namen Ihnen bestens bekannt sind, weil sie mit Sonderwünschen oder Zahlungssäumigkeit Vertrieb und Sachbearbeitung zu beschäftigen wissen. Unter den oben stehenden 20 Prozent der Kunden, mit denen Sie 80 Prozent Ihres Umsatzes erwirtschaften, werden einige sein, die Ihnen relativ unbekannt sind, weil sie bestellen, zahlen und zufrieden sind. Eine Verschiebung Ihrer Aktivitäten von den bellenden Dogs zu den heimlichen Cash Cows birgt viel Potenzial. Maßgeschneiderte Kundenförderungsprogramme an der richtigen Stelle führen zuverlässig zu Umsatzsteigerungen.

> Mein Mentor Professor Friedrich Reutner legte mir einst nahe: „Starten Sie die Sanierung mit einfachen Mitteln und setzen Sie Ihre Entscheidungen schnell und konsequent um." Mit dieser Strategie bin ich immer gut voran gekommen.

Egal ob Personal, Einkauf, Lagerhaltung, Vertrieb oder Qualitäts- und Lieferzeitmanagement, mit Hilfe von Degressionslisten und dem Pareto-Prinzip finden Sie alle Schwachstellen Ihres Unternehmens. Beseitigen Sie die Ursachen ohne Verzug und setzen Sie Signale für die Belegschaft.

Kapitel 1 Der Ist-Zustand

„Wer nicht genügend vertraut,
wird kein Vertrauen finden."

[Lao-Tse, chin. Philosoph]

1.1 Begriffsklärung

Unter Ist-Zustand ist die Analyse der aktuellen Situation zu verstehen. Die präzise und möglichst wertungsfreie Zusammenstellung aller betriebwirtschaftlich relevanten Daten und Fakten ist Grundlage des Konzeptes und Voraussetzung für die Messbarkeit von Veränderungen im Unternehmen. Der Ist-Zustand wird durch Dokumentenanalyse oder die verschiedenen anderen Methoden wie Selbstaufschreibung, Befragungen oder Beobachtungen ermittelt. Mitarbeiter und Führungskräfte sowie Akten, Rechnungen, Korrespondenzen u. a. stellen die Quellen für die Analyse dar. Die Inhalte sind abhängig von der Organisation und dem Grund der Untersuchung.

1.2 Vorgehensweise

Unabhängig davon, ob Sie schon seit Jahren in einem Unternehmen tätig sind oder gerade erst angefangen haben dort zu arbeiten, egal, ob Sie als angestellter Manager oder Eigentümer agieren: Verschaffen Sie sich einen generellen Überblick! Beantworten Sie sich alle folgenden Fragen und stellen Sie sich ggf. weitere für Ihre spezielle Unternehmensausrichtung wichtige. Lassen Sie die Fragen schriftlich von Ihrer gesamten Führungsmannschaft beantworten und beziehen Sie Kunden, Lieferanten oder Personen Ihres Vertrauens in die Ist-Aufnahme ein. Das Feedback Ihrer Kunden und Lieferanten ist dabei besonders wertvoll. Es setzt bei Ihren Mitarbeitern sowie den Kunden und Lieferanten selbst einen Prozess in Gang, in dessen Verlauf viele Optimierungsideen zum Nutzen aller Beteiligten entstehen und auch umgesetzt werden. Zusätzlich entwickelt sich ein offenes und vertrauensvolles Miteinander, das die Kundenbindung immens erhöht.

Finden Sie die Antworten auf beispielsweise die nachfolgenden Fragen:

1. Wie lauten die Ergebnisse des laufenden Jahres und der beiden Vorjahre?

2. Wie groß sind die Verbindlichkeiten und die Forderungen?

3. Welche Pensionsverpflichtungen sind zu erfüllen?

4. Welche Investitionen sind nötig bzw. geplant?

5. Wie lauten die Salden der Bankkonten?

6. Wie groß sind die Lagerbestände?

7. Gibt es größere Reklamationen bzw. juristische Prozessrisiken?

8. Wie sieht das aktuelle Organigramm aus?

9. Welches Personal haben Sie zur Verfügung?

10. Welche Verträge mit Lieferanten, Kunden, Leasingfirmen etc. bestehen?

11. Wie groß ist das Umsatzvolumen mit welchen Kunden?

12. Wie verkaufen sich die einzelnen Produkte Ihres Portfolios?

13. Welche Aufträge sind in Bearbeitung?

14. Welche Angebote sind draußen?

15. Wer sind Ihre stärksten Wettbewerber, warum?

16. Sind die Kalkulationen geprüft und up-to-date?

17. Sind die Fertigungspläne vollständig und aktuell?

18. Gibt es neue Technologien bzw. Materialien, die für Ihr Unternehmen von Interesse sind?

> Nehmen Sie eine Ist-Analyse niemals allein vor. Beziehen Sie Ihre Führungskräfte, Kunden, Lieferanten u. a. Vertrauenspersonen mit ein. Dokumentieren bzw. protokollieren Sie alles! Schriftlich!

Sie führen quasi eine Due Diligance durch. Bewerten Sie den Status quo, ziehen Sie Schlussfolgerungen, formulieren Sie klare Aussagen und dokumentieren Sie den gesamten Optimierungsprozess akkurat, schriftlich!

1.3 Beispiel aus der Praxis

Gang nach Canossa

Nachdem ich Vorstand einer fast insolventen Firma geworden war, begann ich routiniert meine obligate Ist-Aufnahme. Schon nach wenigen Stunden im Amt erhielt ich einen Anruf vom äußerst verärgerten Einkäufer eines Großkunden. Er drohte mit Vertragskündigung, wenn ich nicht am nächsten Tag bei ihm erscheinen würde. Ich hatte bereits festgestellt, dass wir fast 70 Prozent des gesamten Umsatzes mit diesem einen Kunden machten und so war mir klar, ich musste dieser unwirschen Aufforderung Folge leisten. Noch am selben Abend setzte ich mich in den Zug, verbrachte eine schlechte Nacht im Hotel und trat schon am zweiten Tag meiner Amtszeit morgens um neun Uhr einen Gang nach Canossa an. Ohne Gelegenheit mich vorzustellen, musste ich mir sofort anhören, dass man an der Kündigung des Liefervertrages arbeite. Natürlich wusste ich, dass ich Vorstand eines Unternehmens in Schwierigkeiten geworden war, aber wie ernst die Lage war, wurde mir erst in diesem Augenblick klar. Der Einkäufer hatte sich gut vorbereitet. Er führte mich durch die Produktion, zeigte mir die Mängel unserer Produkte und präsentierte mir anhand mehrerer Folien die Missstände meiner Firma. Es war schockierend. Unser Kunde musste fünf Prozent der gelieferten Produkte reklamieren, die Lieferzeit lag bei über drei Monaten und die Liefertreue betrug gerade einmal lausige 60 Prozent. Man kann das auch so formulieren: Wir lieferten 40 Prozent, also fast die Hälfte unserer Ware, erst nach dem ohnehin enorm spät zugesagten Liefertermin von drei Monaten und fünf Prozent davon waren zudem noch Ausschuss. Die Wettbewerberangebote, die mir der Kunde dann noch vorlegte, interessierten mich nur noch wenig. Mir war klar, hier war nichts mehr zu bereden. Ich äußerte mein uneingeschränktes Verständnis für die Verärgerung und teilte dem Kunden mit, dass ich es voll und ganz verstünde, wenn er den Liefervertrag kündigen würde. Ich ließ ihn wissen, dass ich persönlich von dem Posten des Vorstandsvorsitzenden nicht abhängig sei, sondern angetreten war, eine renommierte, einst zu den Marktführern gehörende Firma wieder auf Kurs zu bringen, und fest daran glaube, meine Ziele auch erreichen zu können. Ich sagte, dass ich ihm binnen zwei Wochen beweisen könne, dass wir in der Lage sind, uns eklatant zu verbessern. Auf die Frage hin, wie ich das schaffen wolle, erläuterte ich, dass wir die Fertigungspläne und den Durchlauf in der Maschinenfabrik genauestens analysieren, Terminjäger abschaffen und die Fertigung mit Hilfe der Bringschuldmethodik neu gestalten würden. Zudem versicherte ich ihm, dass ich in den nächsten Wochen einen Großteil meiner Arbeitszeit persönlich in der Produktion zubringen würde.

Der Kunde räumte mir die Chance ein, weil ich im Gegensatz zu meinen Vorgängern nicht abstrakt behauptete, es würde besser werden, sondern konkret erläuterte, wie ich eine Verbesserung erzielen wollte. Ich hielt mein Wort. Aus der anfänglich unerfreulichen Bekanntschaft entwickelte sich eine lange zufriedene Geschäftsbeziehung. Nach nur einem Jahr lag unsere Liefertreue bei 99 Prozent bei einer Lieferzeit von drei bis vier Wochen. Zudem verbesserten wir kontinuierlich die Qualität und wurden binnen drei Jahren zum zweitbesten Lieferanten dieses Kunden unter mehreren Hundert anderen, die auch für dieses Großunternehmen tätig waren.

> Verluste basieren immer auf systemischen Fehlern. Sie müssen allen Beteiligten deutlichst sagen: Heute ist Schluss mit der Vergangenheit, sonst haben wir keine Zukunft mehr. Bei all meinen Unternehmungen hat diese klare Ansage zum Erfolg geführt.

Nach der Rückkehr in meine Firma schilderte ich der kompletten Belegschaft die Begegnung mit dem wichtigen Auftraggeber genauso, wie sie stattgefunden hatte. Die Mannschaft hörte zum ersten Mal konkret, dass Verluste gemacht wurden. Bis dato hatte sich das Unternehmen so dargestellt, als würden Gewinne eingefahren. Ich kommunizierte klar und deutlich: Wenn wir nicht ab sofort besser arbeiten, ist das Unternehmen binnen zwei Wochen insolvent. Das war ein Schock. Aber, noch am gleichen Abend saßen alle engagierten Führungskräfte des Unternehmens bei mir im Büro. Wir berieten, was wir ganz schnell tun könnten, um unmittelbar besser zu werden. Wir suchten nach Ansätzen, die schon am nächsten Tag zum Tragen kommen würden, und: Wir fanden sie. Nachdem wir alle Bestellungen systematisch durchgegangen waren, verließ die komplette Administration die Büros, um in der Produktion mitzuhelfen.

Auf diesem Wege erreichten wir, dass der Großteil die Aufträge, die für die kommenden zwei Wochen zugesagt waren, pünktlich lieferfertig war. Ich selbst lud alle Lieferanten ein, um auch ihnen zu verdeutlichen, wie ernst die Lage ist. Viele von ihnen wiesen die gleichen erheblichen Mängel auf, wie wir selbst. Während einer dreitägigen Klausur stellte sich heraus, dass einige Lieferanten teilweise Schmiergeld an Einkäufer des Unternehmens zahlen mussten, deren Vorstand ich vor wenigen Tagen geworden war. Nachdem ich mir angehört hatte, wie viel Schmiergeld gezahlt wurde, senkte ich unsere Einkaufspreise bei den betroffenen Partnern um genau diesen Prozentsatz und hatte damit unkonventionell eine Win-Win-Situation geschaffen. Die Lieferanten fuhren zufrieden und motiviert nach Hause. Ihre Waren trafen in der Zukunft tadellos und pünktlich ein. Außerdem hatten wir eine neue Ära der vertrauensvollen Zusammenarbeit begonnen. Wir trafen uns regelmäßig zu Workshops und arbeiteten von Stund an gemeinsam sowie erfolgreich an der Verbesserung unserer Produkte und Arbeitsabläufe. Durch Gespräche, Vertrauensgewinn und zusammen entwickelte Ideen erreichten wir in der Zukunft weitere maßgebliche Preissenkungen.

Nach Klärung der externen Hauptprobleme begann ich, meine eigene Mannschaft zu durchleuchten, und musste erkennen, dass nicht nur der ein oder andere Einkäufer korrupt war, sondern einige Mitarbeiter es mit der Wahrheit nicht so genau nahmen. Durch intensive Untersuchungen ermittelte ich sechs Führungskräfte als Hauptverantwortliche für die Misswirtschaft. Mit diesen Mitarbeitern setzte ich mich persönlich auseinander. Beide Seiten kamen zu der Erkenntnis, dass eine vertrauensvolle Zusammenarbeit nach den Geschehnissen nicht mehr möglich war. Unehrlichkeit ist für eine gesunde Organisation nicht tragbar. Wer ein Unternehmen bewusst schädigt, muss es verlassen. Besonders in Krisensituationen ist es wichtig, kompromisslos und unverzüglich zu handeln. Ein wirklicher Neuanfang gelingt nur mit absolut loyalen Mitarbeitern in den wichtigsten Positionen. Ich habe nie erlebt, dass Mitarbeiter, die sich offenkundig etwas zuschulden haben kommen lassen, uneinsichtig waren. Sie sind auf faire Trennungsangebote eingegangen und haben ihre Fehler als Chance für einen Neuanfang begriffen. Allen war dabei klar, dass sie diese Möglichkeit nicht von mir erwarten konnten. Ihr Ansehen und mein Vertrauen waren nachhaltig beschädigt. Ich trennte mich von allen Mitarbeitern, die mutmaßlich mein Unternehmensziel auf Kosten ihrer Kollegen sabotierten.

Ein wirklicher Neuanfang gelingt nur mit absolut loyalen Mitarbeitern in den Schlüsselpositionen sowie durch vertrauensvolle Zusammenarbeit mit den wichtigsten Lieferanten. Schaffen Sie Win-Win-Situationen, wann immer es möglich ist.

Zuhören und Sehen sind immer essenziell. Selbst in der größten Krise sollten Sie sich nie unter Zeitdruck setzen. Die Gefahr, dass Wesentliches verloren geht, ist sehr groß. Konzentrieren Sie sich deshalb auf wenige Themen und erledigen Sie diese mit Ruhe und ausgeschlafen.

> ✒ *Wenn Sie eine Firma übernommen haben, stellen Sie sich nicht nur der obersten Führungsebene vor. Laden Sie zeitnah auch das mittlere Management ein und suchen Sie mittelfristig den persönlichen Kontakt zu jedem einzelnen Ihrer Mitarbeiter. Schütteln Sie den Menschen die Hand. Stellen Sie sich als der neue Chef vor, fragen Sie im persönlichen Gespräch offensiv nach den Befindlichkeiten und Problemen. Das geht auch mit über 1.000 Mitarbeitern, ich hab's getan!*

1.4 Beispieldokumente aus der Praxis

Verschuldung und Finanzierung

Wurden alle bilanziellen und außerbilanziellen Vereinbarungen im Bereich Finanzierung (z.B. Kurssicherungsgeschäfte) überprüft?

Wie werden langfristige, gruppeninterne Darlehen behandelt?

Bürgschaften, Garantien und sonstige Sicherheiten (einschließlich Patronatserklärungen) zugunsten Dritter, die der Besicherung von Beiträgen von mindestens EUR 50.000,00 dienen. Verpflichtungen in Höhe von mindestens EUR 100.000,00 gegenüber Dritten, die zugunsten der Gesellschaft Bürgschaften, Garantien oder andere Sicherheiten gestellt haben.

Überprüfung sämtlicher abgeschlossener und vorgeschlagener Refinanzierungs- oder Umschuldungspläne sowie Pool-Vereinbarungen mit Banken, Behörden und staatlichen Stellen und sonstigen Dritten.

Anlagevermögen

Gibt es aktuelle gutachterliche Bewertungen des Grundbesitzes?

Gibt es aktuelle gutachterliche Stellungnahmen über Altlasten.

Gibt es Gegenstände des Anlagevermögens, die an Dritte zu Sicherungszwecken übertragen oder verpfändet sind (einschließlich Anlagevermögen unter Eigentumsvorbehalt).

Gibt es Miet- und Leasingverträge über Anlagen, Maschinen und Betriebs- und Geschäftsausstattung?

Wer stellt den Umfang eventuell unterlassener Instandhaltung oder Auflagen jeglicher Art fest.

Immaterielle Vermögensgegenstände

Welche Patente, Lizenzvereinbarungen, Warenzeichen, Handelsnamen und Copyrights bestehen (eventuell nur regionale Gültigkeit u.a.)?

Gibt es Korrespondenz, in denen Dritte Verletzungen der Rechte anzeigen?

Personalbereich

Überprüfung der Anstellungsverträge sowie aller Service-/Beratervereinbarungen oder Absprachen mit Geschäftsführern (auch Beiratsmitglieder), Prokuristen sowie aller Beschäftigten, die mehr als EUR 60.000 per anno verdienen, ob Rückstellungen für Tantieme, Sonderzahlungen o. ä. zu bilden ist.

Welche weitere individuell vereinbarten sozialen Leistungen an die Beschäftigten, wie z. B. Lebensversicherungen, Unfallersicherungen, Krankenversicherungen sowie Details über Zuwendungen wie z. B. für Pensionen, Urlaub, Krankheitszahlungen, Autoversicherungen etc. gibt es?

In welchem Umfang bestehen noch Verpflichtungen gegenüber nicht mehr aktiven Mitarbeitern? (Gibt es ungeregelte arbeitsrechtliche Auseinandersetzungen?)

Gibt es besondere Auflagen der Berufsgenossenschaft?

Gibt es Sozialpläne oder Interessenausgleiche?

Steuern

Gibt es Einsprüche/Klagen gegen Steuerbescheide oder laufende Verfahren vor einem Finanzgericht?

Wann fand die letzte Betriebsprüfung statt?

Annahmen hinsichtlich steuerrechtlich relevanter Tatbestände im Zusammenhang mit eventuellen Konzernumstrukturierungen sowie Erläuterung der mit diesen Annahmen verbundenen Risiken.

Rechtsstreitigkeiten

Urteile, Entscheidungen oder sonstige Vereinbarungen, die die Gesellschaft betreffen und Auswirkungen für die zukünftigen Aktivitäten haben.

Liste eventueller Verbindlichkeiten inkl. Garantien, bei denen eine gesamtschuldnerische Haftung besteht.

Liste aller gegenwärtigen, verglichenen oder angedrohten Ansprüche oder Rechtstreitigkeiten zivil-, verwaltungs- oder strafrechtlicher Art sowie Schiedsverfahren, an denen die zu übernehmende Gesellschaft als Klägerin oder Beklagte beteiligt ist oder aufgrund der Ausgliederung beteiligt wird.

Behördliche oder sonstige Ermittlungen oder ähnliche Handlungen, deren Streitwert im Einzelfall EUR 50.000,00 und bei mehreren zusammenhängenden Vorgängen EUR 100.000,00 beträgt oder die von grundsätzlicher Bedeutung sind.

Kapitel 2 Die Blaupause

„Den lieb' ich, der Unmögliches begehrt."

[J. W. von Goethe, dt. Dichter]

2.1 Begriffsklärung

Die Blaupause ist ein Grobkonzept und sinnvoller zweiter Schritt eines Turnarounds. Sie ist eine Arbeitsanleitung für den gesamten Veränderungsprozess, eine Art persönlicher Orientierungsleitfaden.

2.2 Vorgehensweise

Nachdem Sie durch die Ist-Analyse ein Gefühl, ein noch etwas unscharfes Bild vom Zustand Ihres Unternehmens bekommen haben und meine Erfahrungen sowie Anregungen Sie nachdenklich gestimmt haben, gehen Ihnen wahrscheinlich unzählige Gedanken durch den Kopf. Sie sehen die Stärken, aber Sie erkennen auch die Defizite, Baustellen und Gefahren in Ihrer Firma. Parallel dazu wirbeln Ihnen jetzt die ganzen Tools und meine Ratschläge durch den Kopf. Lassen Sie sich nicht aus der Ruhe bringen, sondern beginnen Sie möglichst sofort, den Kopf und die Gefühle vor diesem Berg an Arbeit zu entlasten. Machen Sie ein persönliches Brainstorming. Schreiben Sie die in der Ist-Analyse zutage getretenen Schwächen auf ein Blatt Papier und notieren Sie die Ihnen spontan einfallenden Lösungen zu den jeweiligen Problemen. Beachten Sie dabei unbedingt die Brainstorming-Regeln: Es geht zuerst nur darum, möglichst viele Ideen in kurzer Zeit aufzuschreiben. Freies Assoziieren und

Fantasieren ist erlaubt, ja sogar erwünscht, während Korrekturen, Zweifel, Kritik und Beurteilung in dieser Phase absolut tabu sind. Hierbei gilt: Je kühner und fantasievoller, desto besser. Dadurch wird das Lösungsfeld vergrößert.

> Terminieren Sie den Prozess und berücksichtigen Sie alle Kapitel des Buches! Planen Sie maximal je einen Monat Zeit für die Bearbeitung der einzelnen Tools. Spätestens nach einem Jahr werden Sie stolz auf ein optimal geführtes Unternehmen mit sichtbarer Ergebnisverbesserung blicken können.

Nach spätestens drei bis vier Tagen sollten Sie das Sammeln der Gedanken zu Schwächen und Lösungen beenden. Geben Sie sich mit dem zufrieden, was Sie bis jetzt haben: Es ist genug! Suchen Sie auf keinen Fall zu 100 Prozent perfekte Lösungen. Was Sie nun im Kopf und auf dem Papier haben, übertrifft mit Sicherheit die Aktivitäten und das Wissen der letzten Jahre. Beginnen Sie als Nächstes, Ihre Brainpapiere zu ordnen. Fassen Sie die Stichworte in maximal zehn bis zwölf Gruppen zusammen. Durch diese Anordnung gelangen Sie zur Blaupause: Ihrer Arbeitsanleitung für die nächsten Monate. Legen Sie dieses Grobkonzept neben mein Buch, neben meine Vorschläge und Tools und schauen Sie, wo Inhalte direkt zusammenpassen, wahrscheinlich sind die meisten Themen oder Bereiche vergleichbar.

Hilfreich für eine einfache Ausführung und Abarbeitung der einzelnen Stichpunkte dürfte es sein, wenn Sie Ihre Punkte jeweils in die Kapitel dieses Buches integrieren, um so immer auch das Spezielle Ihres Unternehmens berücksichtigen zu können. Ziel dieser einmaligen und maximal zwölfmonatigen Arbeit muss und wird eine Ergebnisverbesserung von fünf bis zehn Prozent sein. In den Folgejahren werden sich kontinuierlich darüber hinaus Steigerungen von ein bis zwei Prozent durchsetzen lassen, denn Sie haben einen KVP (kontinuierlicher Verbesserungsprozess) angestoßen.

> Genießen Sie den Zustand nach Fertigstellung der Blaupause, denn Sie haben bereits einen Großteil des Weges geschafft: Sie haben sich entschieden, den Marathon erfolgreich zu laufen.

Sie werden spüren, wie Sie das Aufschreiben Ihrer Gedanken entlastet und Sie langsam in den Prozess der Optimierung bzw. der Restrukturierung eintauchen. Die Ergebnisse Ihres Brainstormings, etwa zehn A4-Formblätter, zu jedem Punkt eines mit jeweils einem konkreten Tool, werden Sie begleiten. Sie werden immer wieder darauf schauen und Änderungen und Ergänzungen vornehmen. Genießen Sie diesen Zustand, denn Sie haben bereits einen Großteil des Weges geschafft: Sie haben sich entschieden, den Marathon erfolgreich zu laufen. Diese Entscheidung ist enorm wichtig, denn sie ist die Grundlage für das, was in den kommenden Monaten geschehen wird. Wenn Sie konsequent die einzelnen Kapitel bearbeiten und die Tools umsetzen, werden Sie ein anderes, ein erfolgreiches Unternehmen mit zufriedenen Mitarbeitern, Kunden und Lieferanten haben. Sie werden viele Jahre das gute Gefühl haben, aus eigener Kraft notwendige Veränderungen herbeigeführt zu haben und etwas für die Zukunft geschaffen zu haben.

2.3 Beispiel aus der Praxis

Die weiße Gießerei

Meine erste Firmensanierung war wie ein Sprung in eiskaltes Wasser. Ich hatte keine Ahnung, was da auf mich zukam, aber ich hatte von Beginn an den starken Willen, es zu schaffen. Die erste Frage, die ich mir stellte, war die nach einer grundlegenden, für alle Mitarbeiter wahrnehmbaren Veränderung. Ich wusste, ich kann die Sanierung nicht erfolgreich durchführen, ohne die maroden Strukturen bei der Wurzel zu packen. Mir war klar, dass ich ein Signal brauchte, ein Zeichen setzen musste, das die alten Zeiten ein für alle Mal beendete und einen sichtbaren allumfassenden Neuanfang einläutete. Das Thema verfolgte mich bis in den Schlaf.

Eines Morgens wachte ich mit dem Gedanken auf, eine weiße Gießerei zu schaffen.

Die Eigner des Unternehmens hatten ein Budget für Sanierungsmaßnahmen bereitgestellt. Das Geld war vor allem für den Kauf neuer Maschinen vorgesehen, aber ich gab stattdessen gut 50.000 Euro nur für Verschönerungsmaßnahmen aus. Wir schufen nicht nur eine einladende, sondern vor allem eine motivierende Arbeitsatmosphäre. Das war Anfang der 90er Jahre eine ungeheure Provokation, denn die meisten Gießereien waren grau und verschmutzt, weil es nun mal schmutzige Arbeit war, schließlich war eine Werkhalle kein Büro. Niemand verstand den Sinn meiner Maßnahme. Ich kaufte größere Mengen weißer Wand- und Fassadenfarbe, mir war es sogar egal, wie lange der Anstrich halten würde. Ich wollte alles sehr schnell weiß haben und viele Grünflächen schaffen, anstelle des alten Sandes und der verrosteten Ausschussteile, die überall herumlagen. Ich ließ eine Parklandschaft anlegen mit Bänken, Wiesen, Sträuchern und blühenden Blumenrabatten. Dahinter ein weißes Gebäude mit komplett erneuerten Sanitäranlagen, die es durch Sauberkeit und Eleganz mit jeder ordentlichen Gaststätte aufnehmen konnten. Wer zu uns kam, sollte den Eindruck haben, er beträte eine moderne Chip-Fabrik.

Alle, Vorstand, Belegschaft und Wettbewerber, hielten mich aufgrund dieser Aktion anfangs schlichtweg für einen Spinner. Da ich aber als jahrelanger Personalchef bekannt war, folgten mir die meisten Mitarbeiter relativ widerstandslos. Kaum war alles fertig gestrichen und begrünt, waren alle stolz und begeistert und sahen ihre Arbeitsstätte mit ganz anderen Augen. Es war plötzlich ihre Gießerei. Große Teile der Verschönerungsmaßnahmen hatten sie in Eigenleistung erbracht. Die Instandhaltung der Grünanlagen ließen sich die Mitarbeiter auch später nicht aus der Hand nehmen. Die Fassadenfarbe hielt, wie sich herausstellte, über 20 Jahre.

Starre Regeln nützen niemandem. Es gibt Märkte, Kunden und Menschen. Aus deren Zusammenwirken entsteht etwas. Zum Ende eines Monats oder eines Jahres liegt ein Ergebnis vor und dessen Bekanntgabe bewirkt Emotionen. Sie reichen von Frust bis Freude oder Insolvenz bis Prämienzahlung.

Wir wollten aus Überzeugung anders sein als die anderen. Mit der Abschaffung der Stechuhren signalisierte ich mein volles Vertrauen in die Arbeitsbereitschaft jedes Einzelnen und wurde nicht enttäuscht. Jeder wusste, wenn das Ergebnis gut war, bedeutete das Arbeitsplatzsicherheit und Prämienzahlung. Die Abschaffung der Bürokratie rund um die Stechkartenerfassung und Auswertung sparte Kosten und vor allem viel Zeit, wertvolle Zeit, die nun für Produktion und Innovation zur Verfügung stand. Die Diskussionen über die Genauigkeit bzw. Ungenauigkeit der maschinellen Stundenerfassung am Ende des Monats entfielen. Die Mitarbeiter redeten wieder mehr über Inhalte, die Produkte der Firma und den Sinn ihrer Arbeit, anstatt über Abrechnungszettel und Geld zu lamentieren. Es steht außer Frage: Leistung muss fair honoriert werden, aber wenn sich alles Denken nur noch ums Geld dreht, ist kein Unternehmen langfristig lebensfähig. Teile des Gewinns habe ich immer an alle zu gleichen Teilen ausgeschüttet, unabhängig davon, ob sie als Putzfrau, Meister oder Manager beschäftigt waren.

Die Quintessenz dieser Geschichte: Ein Unternehmen lebt nicht von Stellenbeschreibungen, sondern von Verfahrensanweisungen für seine Produkte. Ich musste viele Schranken einreißen, damit Mitarbeiter Verantwortung übernehmen konnten. Dazu gehört – bei allem Respekt vor dem einzelnen Menschen – auch, der Belegschaft klar und deutlich zu sagen, dass ihre Arbeitsplätze an den Unternehmenserfolg gekoppelt sind, sie also abhängig von der Zufriedenheit der Kunden und von mir als Unternehmer sind. Die Mitarbeiter müssen verstehen lernen, dass eine Fabrik Kapital ist. Ich konnte nicht erwarten, dass sie das wissen, es war meine Aufgabe, sie aufzuklären und Grundsätze zu definieren, an denen sich alle orientieren konnten. Lesen Sie dazu mehr im folgenden Kapitel.

Bei der Umsetzung Ihrer Blaupause muss Ihnen immer bewusst sein: Ein Chef muss Entscheidungen treffen. Dabei ist Schnelligkeit bewiesenermaßen besser als zögerliches Handeln. Wichtig ist, dass Dynamik spürbar ist, die Menschen müssen sehen: Hier bewegt sich etwas. Es gilt: Organisation geht vor Individuum. Sie können es nicht allen recht machen. Ich persönlich habe in Bezug auf Menschen immer so entschieden, als ob es meine eigene Familie beträfe. In der Regel waren die Mitarbeiter damit einverstanden. Ich höre noch heute, 20 Jahre nach meiner Einführung der weißen Gießerei, von ehemaligen Mitarbeitern: „Herr Collin, das waren tolle Zeiten damals, es war immer was los und wir wussten immer woran wir waren."

> Bei der Umsetzung Ihrer Blaupause muss Ihnen immer bewusst sein: Ein Chef muss Entscheidungen treffen. Dabei ist Schnelligkeit bewiesenermaßen besser als zögerliches Handeln. Wichtig ist, dass Dynamik spürbar ist, die Menschen müssen sehen: Hier bewegt sich etwas.

✱ Sie als Chef müssen ALLE Ihre Mitarbeiter kennen, sie wenigstens einmal kurz gesehen haben. Nur so erfahren Sie, welches Potenzial in Ihrem Unternehmen wirklich schlummert, und erkennen, was unter den gegebenen Umständen unrealistisch ist. Die persönliche Bekanntschaft vervielfacht die Erfolgschancen Ihrer Sanierungsstrategie und bietet zudem die Möglichkeit zu erkennen, wer in Ihrer Organisation am richtigen Platz im Einklang mit seinen persönlichen Fähigkeiten arbeitet.

2.4 Beispieldokumente aus der Praxis

B - Bode Panzer

B - 0 Grundsatz

B - 01	Ist-Zustand bei Übergabe
B - 02	AG reduzieren
B - 03	Organisation optimieren – Kosten sparen
B - 04	Wincor sichern
B - 05	Vertrieb aufbauen und aktivieren
B - 06	NCR, Dieblod sowie de la Rue hinzugewinnen
B - 07	Entwicklung aufbauen und aktivieren
B - 08	Auslastung erreichen
B - 09	Industriepark
B - 10	Portfolio ändern oder Verkauf
B - 11	Sonstiges

B – 03

Organisation optimieren – Kosten sparen

Mietkosten Neu–Isenburg, Isernhagen, Hannover etc.
Pensionsrückstellungen
sonstige Altlasten
Organigramm des Konzerns analysieren
welche Funktionen brauchen wir wie für unseren Auftrag
Abteilungen einreißen
Organismus erklären
Organigramm erstellen
für jeden einen Vertreter benennen

internationalen Controller einstellen

Kundenorientierung predigen

Total Quality einführen und leben

Qualitätssicherungshandbuch und ISO leben

Kommunikationswesen schaffen (Freitagsrunde)

Degressionsliste Mitarbeiter und Gehälter

Krankenstandsliste

Ideen und Verbesserungsvorschläge fördern

alles auf Kostensenkung untersuchen

Kostenbewusstsein schaffen

1.4 Keine Tariferhöhung

    = EUR 70.000,--   V.: Collin

                               T.: 31.12.xx

1.5 Labor als Einnahmequelle

    = EUR 80.000,--   V.: Fu-Rudolph

                               T.: 15.12.xx

1.6 Einsparung durch besseren

    Einkauf = EUR 80.000,--   V.: Bauer

                               T.: 31.12.xx

1.7 Kein Fremdkapital aufnehmen

    = EUR 80.000,--   V.: Collin

                               T.: 30.06.xx

1.8 Energiekosten reduzieren

    = EUR 80.000,--   V.: xx

                               T.: 31.12.xx

Kapitel 3 Grundsätze

„ Wenn du ein Schiff bauen willst,
so trommle nicht Männer zusammen,
um Holz zu beschaffen, Werkzeuge vorzubereiten,
Aufgaben zu vergeben und die Arbeit einzuteilen,
sondern lehre sie die Sehnsucht nach dem endlosen weiten Meer. "

[Antoine de Saint-Exupéry, frz. Schriftsteller]

3.1 Begriffsklärung

In den Grundsätzen wird die Unternehmensethik zementiert. Ihre Inhalte sind die Gebote, nach denen jeder zu handeln hat und auf deren Einhaltung sich jeder verlassen kann. Sie können lauten:

1. Wir existieren von und für unsere Kunden und Gesellschafter.

2. Innerhalb dieses Rahmens organisieren wir unsere Arbeit, bilden wir einen Organismus.

3. Wir arbeiten unkompliziert, schnell und kostengünstig.

4. Wir achten jeden Menschen und seine Ideen.

3.2 Vorgehensweise

Überall, wo Menschen, Gruppen, Interessen etc. zusammentreffen, gibt es Regeln, Gebote oder Gesetze. In einfachen und klaren Worten geben sie den Beteiligten Orientierung und definieren Ziele sowie den Umgang miteinander. Sie können aber auch das Signal für einen Aufbruch und eine Veränderung sein, wie beispielsweise das Grundgesetz nach dem Zweiten Weltkrieg.

Auch wenn Ihnen dies jetzt etwas überzogen vorkommt: Genau diese Gedanken sollten Sie beim Formulieren Ihrer unternehmerischen Grundsätze umtreiben. Diese Maximen sind das ordnende Element und Ihr klares Statement für oder gegen etwas. Sie geben damit nicht nur Ihrer Belegschaft die Richtung vor, sondern senden eine Botschaft an Kunden, Lieferanten, Verbände, Behörden etc. Als Verantwortlicher für das Unternehmen müssen Sie Sorge dafür tragen, dass die Grundsätze eingeführt und gelebt werden. Dies gelingt nur, indem sie laufend kommuniziert, eingefordert, vorgelebt und bei Nichteinhalten sanktioniert werden.

Die Wirkung dieser neuen und bekanntgemachten Grundsätze ist überaus positiv. Sie fördern einen einheitlichen Sprachgebrauch und ein neues Bewusstsein für den Unternehmensalltag. Auf ihrer Grundlage können alle Entscheidungen ohne Diskussionen zügig getroffen werden und in den meisten Fällen von jedem der Beteiligten nachvollzogen werden.

> „Wir existieren von und für unsere Kunden."

Dieser eine Satz beinhaltet viel mehr Informationen, als es auf den ersten Blick den Anschein hat. In schwierigen oder kritischen Situationen wird er immer eine schnelle und eindeutige Lösung präsentieren. Zudem erleichtert er es der Belegschaft, sich über die Situation und Positionierung ihres Unternehmens sowie ihre eigene klar zu werden. Höchstwahrscheinlich werden viele durch diesen Grundsatz das erste Mal über betriebswirtschaftliche Grundlagen, Wettbewerb, Marketing, Arbeitnehmerrechte und Pflichten in Kenntnis gesetzt. Die verschiedenen Gruppen werden einen Dialog beginnen. Es ist Fakt und keineswegs verwerflich, dass der Kunde einer der Entscheider darüber ist, ob unser Unternehmen und damit die Arbeitsplätze existieren. Wenn wir dem Kunden zu teuer, zu schlecht oder zu langsam sind, bestellt er in einem anderen Unternehmen. Dies bedeutet zwangsläufig den Verlust von Arbeitsplätzen bei uns. Daraus wiederum ergibt sich für Sie und Ihre Mitarbeiter die Pflicht zu wettbewerbsfähigen Preisen, einer kurzen Lieferzeit bei hundertprozentiger Liefertreue (siehe Kapitel 10) und zu Null-Fehler-Qualität (siehe Kapitel 11).

Der ein oder andere von Ihnen wird jetzt vermutlich den Kopf schütteln, aber bedenken Sie: All die hier genannten Maßnahmen sind praktisch schon sehr oft erfolgreich umgesetzt worden und halfen nachweislich, die gesetzten Ziele zu erreichen. Erinnern Sie sich: Sie und Ihre Mitarbeiter sind in eine neue Unternehmenswelt gestartet. Sie laufen einen Marathon.

> „Wir existieren von und für unsere Gesellschafter."

Stehen Sie dazu. Sie wollen mit Ihrem Unternehmen Gewinn machen. Als angemessen erachten wir fünf bis zehn Prozent, also ähnlich den Zinssätzen bei Geldanlagen mit mittlerem Risiko. Diese Ausgangslage und die Zusammenhänge bezüglich gebundenem Eigenkapital in Ihrem Unternehmen, Zinserträgen etc. müssen Sie Ihren Mitarbeitern erklären. Sie dürfen Gewinne und Entnahmen nicht zu einem Tabuthema machen.

In vielen Unternehmen werden die Facetten der Abhängigkeit von sowohl Kunden als auch Gesellschaftern nicht kommuniziert, sie bleiben für die Mitarbeiter ein abstraktes Thema. Sie benötigen Zeit, um Ihre Belegschaft gründlich zu informieren. Ich empfehle Ihnen auch deshalb, pro Monat nur ein Kapitel des Buches anzugehen. Es dauert einige Wochen, bis die Grundsätze in allen Abteilungen angekommen, verstanden und vor allem auch gelebt werden. Um Letzteres schnellstmöglich zu erreichen, entwickeln Sie Ihre Grundsätze nicht allein, sondern beziehen Sie viele Mitarbeiter mit ein.

> Ihre Mitarbeiter sind Ihre wichtigsten Verbündeten im Kampf um das Erreichen der Unternehmensziele. Zeigen Sie ihnen das. Vertrauen Sie auf die Loyalität und Kompetenz Ihrer Angestellten, aber lassen Sie nie einen Zweifel daran aufkommen, wer der Chef ist: Das sind Sie allein, ohne Wenn und Aber.

3.3 Beispiel aus der Praxis

Dame schlägt König

Das Heiligtum einer Gießerei ist das Labor, in dem die Werkstoffe und deren Zusammensetzungen entstehen. Die Qualität der Gusserzeugnisse ist demzufolge stark abhängig von der Brillanz der dort beschäftigten Werkstoffingenieure. Das Unternehmen hatte sich seinen Ruf als Rolls Royce der Branche vor allem durch seine exzellente Auswahl an Werkstoffen erworben. Der damalige Laborleiter war als Wissenschaftler eine international anerkannte Koryphäe auf seinem Gebiet und lebte dies auch im Unternehmen aus. Als ich Geschäftsführer des wirtschaftlich stark angeschlagenen Unternehmens und mit der Sanierung beauftragt wurde, musste ich feststellen, dass dieser fachlich herausragende Mann aus den verschiedensten Gründen nicht hinter dem Sanierungsprogramm stand und es sogar torpedierte. Ich bestellte den Laborleiter in mein Büro, konfrontierte ihn unter vier Augen mit meinen Erkenntnissen und bat ihn, da er das Pensionsalter erreicht hatte, über einen befristeten Beratervertrag in den Ruhestand zu gehen. Er lehnte ab und kündigte an, sich bei meinen Vorgesetzten über mich zu beschweren. Was er dann auch tat. Der Vorstand war alles andere als erfreut über meine Pläne und gab zu bedenken, dass ohne diesen Mitarbeiter alles zusammenbrechen würde, das Ansehen des Unternehmens Schaden nehmen könnte, wenn ich ohne diesen anerkannten Experten weiterarbeiten würde. Ich reagierte lediglich mit Verwunderung. Bei einer Unternehmensbilanz von fast 40 Prozent minus und reihenweise abspringenden Kunden, flößte mir dieses Szenario keine Angst mehr ein. Am Abgrund stehend waren Zugeständnisse ausgeschlossen. Ich hatte die Verantwortung für die Sanierung übernommen und musste, um die Chance auf Erfolg zu wahren, auch die Regeln kompromisslos bestimmen. Für mich war klar: Was bisher war, geht nicht mehr. Wohin die Reise genau führen sollte, sah ich nicht in allen Punkten deutlich, aber: Es musste anders werden, das war sicher.

Ich nutzte diese unerfreuliche Affäre, um ein Exempel zu statuieren: Im Ernstfall ist jeder ersetzbar. Über eine Stellenausschreibung in Zeitungen suchte ich einen Nachfolger. Ich wollte provozieren und deshalb das genaue Gegenteil vom bisherigen Laborleiter einstellen. Drastisch for-

muliert lautete mein persönliches Anforderungsprofil: Jung, Frau und
Ausländerin. Natürlich konnten wir das unmöglich wörtlich so in der
Anzeige formulieren, aber wir betonten, dass Bewerberinnen willkom-
men seien.

> Wenn ein Arbeiter ein paar Meter Elektrokabel mitgehen lässt, ist das ein
> Kavaliersdelikt. Er wird abgemahnt und im Wiederholungsfalle entlassen.
> Wenn aber ein leitender Angestellter nicht loyal ist, sollte man sich trennen.
> Im Ernstfall ist jeder ersetzbar!

Die Werkstoffforschung im Hause hatte einen exzellenten Ruf, es lande-
ten viele Bewerbungen fachlich herausragender Wissenschaftler auf
meinem Tisch, darunter eine mit einigen Rechtschreibfehlern, aber in-
haltlich überzeugendem Anschreiben, verfasst von einer Chinesin. Neben
zwei anderen lud ich sie ein und nach wenigen Minuten war mir klar: Sie
ist genau die Richtige. Sie hatte an einer renommierten deutschen Hochschule studiert, mit summa cum laude promoviert, war hoch motiviert
und antwortete auf meine Bemerkung hin, dass sie mit großem Wider-
stand der Mitarbeiter rechnen müsse, schlicht: "Wer in China aufgewach-
sen ist, kann kämpfen." Ich habe meine Entscheidung, diese junge Asia-
tin einzustellen, nie bereut, im Gegenteil. Abgesehen von der inneren
Zufriedenheit, die ich angesichts der schockierten Belegschaft empfand,
als ich die neue Laborleiterin vorstellte, hatte ich auch fachlich und mo-
ralisch gesehen genau die richtige Wahl getroffen. Die Frau überzeugte
die Labormitarbeiter binnen kurzer Zeit durch Kompetenz. Versuche, sie
persönlich zu verunsichern, konterte sie nur mit asiatisch freundlichem
Lächeln und den Worten: „Sie wollen mich ärgern?" Den Respekt der
Männer in der Gießerei eroberte sie sich mit burschikos herzlichem Auf-
treten und durch enthusiastische Erläuterungen zur Wichtigkeit des
Schmelzpunktes: Gießen sei wie Nouvelle Cuisine und sie alle seien ein
Paul Bocuse am Hochofen. Arbeitete jemand mal nicht genau nach ihren
Anweisungen, reichte eine Frage nach dem Warum, und er machte es
murrend wie sie es wollte. Last but not least begriffen mit meiner konse-
quenten und mutigen Personalentscheidung alle, wie viel man durch
Willen und Loyalität erreichen kann, wenn alle die gleichen Grundsätze
befolgen.

🗣 Führen heißt unter anderem, den Mitarbeitern die Freude an der Arbeit zurückzugeben. Dazu gehört unter Umständen, ihre Position innerhalb der Organisation infrage zu stellen und gegebenenfalls zu korrigieren. Ich war immer wieder positiv überrascht, wie glücklich, dankbar und arbeitsam Menschen sind, wenn man sie fordert und ihnen Freiräume lässt, ohne sie zu überfordern.

Ihre Pflicht als Unternehmer ist es, Grenzen zu erkennen und einzuhalten. Genießen Sie Ihre Erfolge, aber halten Sie Maß. Renditen von fünf bis zehn Prozent reichen zu solidem Wachstum und langfristiger Unternehmenssicherung.

3.4 Beispieldokument aus der Praxis

25.03.xx

Grundsätze

1. Wir existieren von und für unsere Kunden und Gesellschafter.

2. Innerhalb dieses Rahmens bilden wir unsere Organisation (Organismus) und arbeiten.

3. Wir arbeiten unkompliziert, schnell und kostengünstig.

4. Wir achten jeden Menschen und seine Ideen.

Zitat:

Wenn du ein Schiff bauen willst, so trommle nicht die Männer zusammen, um Holz zu beschaffen, Werkzeuge vorzubereiten und Aufgaben zu vergeben, sondern lehre sie die Sehnsucht nach dem endlosen Meer.

[Antoine de Saint-Exupéry]

Kapitel 4 Der Vertrieb

„Es gibt kaum etwas auf dieser Welt,
das nicht irgend jemand ein wenig schlechter machen kann
und etwas billiger verkaufen könnte,
und die Menschen, die sich nur am Preis orientieren,
werden die gerechte Beute solcher Menschen.“

[John Ruskin, engl. Schriftsteller und Sozialphilosoph]

4.1 Begriffsklärung

Der Vertrieb ist in unserem Fall ausschließlich das Geschäft eines Unternehmens mit seinen Abnehmern, den Kunden. Er stellt das letzte Glied in der betrieblichen Wertschöpfungskette sowie die Tätigkeit des Verkaufens im Allgemeinen dar. Im Bereich der Betriebswirtschaftslehre feststehende Aufgaben des Vertriebs sind im Marketing zusammengefasst und betreffen zunächst die Absatzplanung und die Akquise. Im Weiteren sind die Aufgaben der Distributionspolitik und der Verkaufspsychologie mit Hilfe einer zielgerichteten Ansprache darunter gefasst.

Vertrieb benötigt eine Struktur und Fähigkeiten, um das Verkaufsverhalten effektiv zu beeinflussen. Entscheidende Dimensionen sind die Beziehung zum Anbieter, der bevorzugte Kaufprozess und der Umgang mit den verschiedenen Kundentypen, von denen jeder unterschiedliche Verkaufs-, Führungs- und Verhandlungsmethoden erfordert.

4.2 Vorgehensweise

Über Vertrieb und Marketing gibt es sehr viel gute Literatur, die sich ausführlicher und vermutlich auch im Detail kompetenter mit diesem Bereich auseinandersetzt. Trotzdem möchte ich zumindest den Vertrieb als wichtigen Bestandteil der Organisation nicht ganz aussparen.

> Vertrieb bedeutet das Vertreiben von Produkten und Dienstleistungen. Das Vertreiben von Kunden führt im Gegensatz zur historisch überlieferten Königsvertreibung nicht ins Glück. Der Kunde sollte König bleiben.

Die hier vorgestellten Maßnahmen verändern Ihr Unternehmen, beeinflussen die Auftragslage und Möglichkeiten des Vertriebs. Letztendlich führen optimierte Abläufe und Fertigungsanweisungen, Standardisierung, kürzere Lieferzeiten und Liefertreue oder neue und verbesserte Produkte und Innovationen zu deutlich größerem Absatzvolumen und, nicht zu unterschätzen, einer Zunahme der Reputation. Die zu erwartende Kostenreduktion führt im Normalfall zwangsläufig zu einem Überschuss an Personalkapazitäten. Nutzen Sie diese zusätzlichen Ressourcen zur Entwicklung neuer Produkte und Serviceleistungen für Bestandskunden. Vordergründiges Ziel sollte es dabei sein, den Durchschnittsumsatz pro Kunde zu erhöhen sowie den Betreuungsaufwand zu reduzieren. Durch die Erweiterung und Verbesserung der Angebote wird Ihr Vertrieb Neukunden gewinnen und die Umsätze um 10 bis 20 Prozent steigern. Statt Mitarbeiter abzubauen, werden Sie zusätzliches Personal benötigen.

> Sie erreichen durch das Befolgen der Ratschläge dieses Buches mit hoher Wahrscheinlichkeit eine Kostenreduktion von mindestens 10 Prozent. Personalabbau verhindern Sie durch eine gleichzeitige Steigerung der Umsätze um 10 bis 20 Prozent.

Ich hatte in den letzten 20 Jahren das Glück, einen kompetenten, ergebnisorientierten und damit erfolgreichen Vertriebsfachmann als Führungspartner zu haben. Meine folgenden Ratschläge sind deshalb aus zweiter Hand, aus der Sicht des Beobachters verfasst.

Verschaffen Sie sich eine exakte Übersicht über die Mitarbeiterzahl im Verkauf, Gehälter, Tätigkeit, Kunden und Deckungsbeiträge. Schauen Sie sich insbesondere Ihre B-Kunden genau an. Hier liegt viel Potenzial brach. Überlegen Sie sich Strategien, wie Sie diese Gruppe zu A-Kunden aufbauen können. Kommunizieren Sie Ihren Wunsch nach Ausbau der Zusammenarbeit offensiv an Ihre Geschäftspartner und erfragen Sie deren Bedürfnisse. Analysieren Sie Ihre eigene Mannschaft. Setzen Sie die einzelnen Mitarbeiter in Relation zu ihren erzielten Umsätzen oder Deckungsbeiträgen. Erstellen Sie eine Degressionsliste, in der die Kunden nach ihren Umsätzen und Deckungsbeiträgen aufgeführt sind. Begutachten Sie nach diesen Kriterien, auch unter Berücksichtigung gezahlter Provisionen, Ihre Verkaufsniederlassungen oder Handelsvertreter!

Wahrscheinlich ergibt sich bei der Vertriebszerlegung, dass mit einigen wenigen Produkten der Großteil der Umsätze oder der Deckungsbeiträge erreicht wird. Zudem prognostiziere ich wie so oft, dass Sie feststellen werden: Mit nur 20 Prozent aller Kunden tätigen Sie 80 Prozent aller Umsätze. Vermutlich wird sich Ihnen eine völlig neue Sicht auf Kunden, Umsätze und Deckungsbeiträge eröffnen. Sie sollten auf Grundlage dieser neuen Einsichten regulativ eingreifen, durch zum Beispiel eine differenzierende Preispolitik, die Gestaltung von Bestellmengen, Abrufmengen, Jahresverträgen etc. Bringen Sie auch den Mut auf, sich von Kleinstkunden oder zu gering verkauften Produkten zu trennen. Durch die Regulation entstehen Ressourcen, die Sie beim Ausbau der Stärken bzw. zum Aufbau neuer Geschäftsfelder benötigen, Supply Chain Management könnte eine Option sein.

Vergleichen Sie sich mit Ihren besten Wettbewerbern. Viele der zutage tretenden Defizite werden Sie durch den Optimierungsprozess „Einfach besser werden" beseitigen können. Ihr Ziel sollte es sein, der beste Lieferant zu werden. Hören Sie Ihren Kunden aufmerksam zu, beobachten Sie den Markt und gesellschaftliche Veränderungen.

Hören Sie Ihren Kunden aufmerksam zu, beobachten Sie den Markt und gesellschaftliche Veränderungen. Ein Unternehmen lebt nicht von dem, was es produziert, sondern von dem, was es verkauft.

Ein Unternehmen lebt nicht von dem, was es produziert, sondern von dem, was es verkauft – an Kunden. Die Kundenpflege sollte deshalb stets mit der Neukundengewinnung einhergehen. Nur ein konstanter jährlicher Zuwachs an Abnehmern garantiert Ihnen gleichbleibende bzw. wachsende Umsätze. Setzen Sie Ihre Mitarbeiter nicht zu sehr unter Druck, indem Sie die Akquisition einer bestimmten Anzahl von Neukunden vereinbaren, sondern motivieren Sie Ihre Mannschaft zu initiativem Werben. Legen Sie monatlich fest, wie viel potenzielle Neukunden angesprochen werden sollen, und verlangen Sie schriftliche Protokolle zu den Aktivitäten.

4.3 Beispiel aus der Praxis

Wer zu spät kommt, den bestraft das Leben

Wer sich aus dem dauernden Preiskampf verabschieden will, muss innovativer als seine Wettbewerber werden. Unser Ziel waren deshalb immer große Aufträge, die uns auf Dauer beschäftigten und Freiräume für Neues schufen. Im ersten Schritt trennten wir uns von 20 bis 30 Prozent des bisherigen Umsatzvolumens bzw. den beauftragenden Kunden und konzentrierten uns auf Aufträge mit Großkunden sowie entsprechend großen Serien. Möglich wurde das durch zielgerichtetes Kundenbeziehungsmanagement und den ein oder anderen Coup. So hatten wir beispielsweise gehört, dass die Telekom große Probleme mit der Sicherheit ihrer öffentlichen Münzfernsprecher hatte. Die Bandenkriminalität hatte rasant zugenommen und richtete sich verstärkt auf das Bargeld in den Telefonzellen. Pro Nacht wurden teilweise bis zu 50 Münztresore geknackt. Den Fernsprechanbieter beschäftigten nicht nur die monetären Verluste, sondern vor allem die Reparaturaufwendungen. Bei der großen Zahl der Einbrüche kamen die Techniker nicht mehr mit den Instandsetzungsarbeiten hinterher. Das Unternehmen hatte sich verpflichtet, eine bestimmte Anzahl öffentlicher Telefone bereitzustellen. Da nach der Zerstörung der Münztresore auch die Telefone nicht mehr funktionierten, drohten dem Unternehmen Vertragsstrafen: Hier lag das eigentliche Problem. Die

Firma suchte deshalb seit Langem zusammen mit den damaligen Lieferanten nach einer Lösung, ohne Erfolg.

> Akquisition heißt auch: Mit offenen Augen und Ohren durch den Alltag gehen. Die größten Chancen liegen im Dialog mit langjährigen Kunden und in den Köpfen der Belegschaft. Gespräche der Mitarbeiter in der Familie, im Freundeskreis und beim Sport sind nicht selten eine Auftragsquelle. Ein guter Verkäufer wartet nicht darauf, dass irgendein Kunden zu ihm kommt, er sucht sich die zu ihm passenden.

Einer unserer Mitarbeiter hörte zufällig von dem Sicherheitsproblem. Am darauffolgenden Tag kam er zu Herrn Leis und mir, beschrieb die Situation und fragte, ob wir als Gießerei nicht einbruchsichere Münztresore aus Guss bauen können? Natürlich konnten wir und vor allem wollten wir. Schließlich gab es damals in Deutschland fast 100.000 Telefonzellen, die es umzurüsten galt.

Mit Informationsrecherche, technischen Zeichnungen und Modellbau dauerte es zehn Tage, bis der Prototyp des Münztresors aus Guss fertig war. Wir stellten ihn gerade abgekühlt in der Prüfstelle der Telekom vor. Die Männer dort warfen geringschätzige Blicke auf unseren Tresor, mühten sich aber vergeblich, ihn aufzubrechen. Eine Woche später erhielten wir den ersten Auftrag über 5.000 Stück. Im Laufe von ca. 10 Jahren wurden etwa 40.000 Münztresore geliefert. Da wir der Telekom ein großes Problem gelöst hatten, wurden wir auch für andere Produkte deren Lieferant.

So sieht eine exzellente Vertriebsaktion aus. Ein guter Verkäufer wartet nicht darauf, dass irgendein Kunden zu ihm kommt, er sucht sich die zu ihm passenden. Akquisition heißt vor allem, mit offenen Augen und Ohren durch den Alltag zu gehen. Die größten Chancen liegen im Gespräch mit langjährigen Kunden, in den Köpfen der Mitarbeiter und da wo man sie nicht erwartet – im Alltäglichen.

Mein Ansatz war immer und ist es immer noch: Zuerst muss die eigene Organisation stimmig sein, dann kann ich den Markt durchdringen und nicht umgekehrt. Ein Unternehmen strahlt sein Innenleben nach außen ab, ebenso wie jeder einzelne Mensch seinen Seelenzustand mehr oder weniger deutlich im Gesicht zeigt. Glückliche, heitere Menschen werden gemocht und zufriedene, kompetente Unternehmen erhalten lukrative Aufträge.

4.3 Beispiele für Vertriebsunterlagen aus der Praxis

Erfahrung

Im eigenen ISO-zertifizierten Produktionsbetrieb in Tschechien und in qualifizierten Partnerbetrieben fertigen wir Ihre Produkte nach Ihren Vorstellungen.

Kostenreduktionen bis zu 30 Prozent sind realisierbar

Produktion

Das Anforderungsprofil an unsere Partnerunternehmen im Produktionsnetzwerk ist sehr hoch gesteckt, um dem deutschen Qualitätsstandard entsprechen zu können:

- voll privatisiertes Unternehmen
- ökonomische Stabilität
- gesunde Kundenstruktur (kein Kundenanteil über 20%)
- mindestens 25% Exportanteil
- Kommunikation in deutsch und englisch
- Lieferantenselbstauskunft
- Bereitschaft zum Konsignationslager und KANBAN-Abwicklung
- eigenes Qualitätssicherungssystem (DIN EN ISO 9001/2000 bevorzugt)
- Abschluss einer QSV (Qualitätssicherungsvereinbarung)
- technische Ausstattung und Erfahrung auf hohem Niveau
- Erreichung von Serienqualität spätestens in der zweiten Vorstellung

Das Netzwerk umfasst insgesamt 12 produzierende Betriebe (inkl. der eigenen DIN EN ISO 9001/2000 zertifizierten Fertigung mit 110 Mitarbeitern), die den o.g. Kriterien entsprechen. Zusätzlich ist eine eigene Konstruktionsabteilung im tschechischen Werk beschäftigt (2D ME-10, 3D-CAD SolidWorks).

Unsere Vorgehensweise in der Auftragsabwicklung

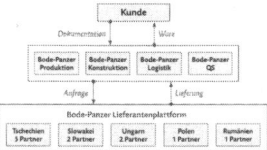

Unser Komplettservice – vom Erstgespräch beim Kunden bis zur Auslieferung SIE BESTELLEN, WIR LIEFERN!

Unser Anspruch ist, Ihnen Probleme abzunehmen und für eine lückenlose Abwicklung Ihres Auftrages zu sorgen. BODE-PANZER übernimmt die Rolle des Koordinators und Supervisors und damit auch die Verantwortung für Qualität und Versorgungslogistik. Sie haben einen Ansprechpartner für alle Produktionsprozesse. Auch in Sachen Rechts- und Steuerberatung oder Finanzdienstleistungen können wir Ihnen unser Know-How zur Verfügung stellen.

Kapitel 5 Focus Two

„Das Problem zu erkennen ist wichtiger, als die Lösung zu erkennen,
denn die genaue Darstellung des Problems führt zur Lösung. "

[Albert Einstein, dt.-amerik. Wissenschaftler]

5.1 Definition

Der Begriff Fokus stammt aus dem Lateinischen (focus) und bedeutet Brennpunkt. Informationen bündeln und sammeln, sie in einem Punkt zusammenfassen, nennt man fokussieren. Auf eine Person bezogen, ist darunter ihr allgemeines Vorgehen zu verstehen, welches sich auf die Lösung eines Problems konzentriert. Die Aufgabe der Strukturierung, der Steuerung und der Organisation der Problemlösung liegt in den Händen eines Verantwortlichen, der sich auf den Problemlösungsprozess fokussiert. Probleme der Gegenwart und nahen Zukunft werden durch Fokussieren in den Alltag geholt. „Focus Two" im Speziellen bedeutet die Konzentration auf maximal zwei Problemfälle, die eine Person zu erledigen hat. Auf diese Art und Weise kann eine gezielte und effektive Suche nach Lösungen stattfinden.

5.2 Vorgehensweise

Sie erinnern sich noch an die Aufnahme des Ist-Zustandes und an Ihre Ideen und Gedanken beim Anfertigen der Blaupause? Die gewonnenen Erfahrungen können Sie und Ihre Führungskräfte jetzt praktisch in einer einfachen und schnell realisierbaren Aktion anwenden: Focus Two. Hier geht es nicht um langwierige und aufwändige Analysen, sondern um einfache und kurzfristig lösbare Themen. Die komplette Führungsmannschaft wird einbezogen, denn Sie sind kein Einzelkämpfer und Vorturner. Sie brauchen eine gute Mannschaft und insbesondere exzellente Führungskräfte, um Ihre Unternehmensprozesse, Organisation und Strukturen erfolgreich optimieren zu können. Focus Two wird vom Führungsteam gemeinsam erarbeitet und sollte im ganzen Unternehmen als Kickoff zum Turnaround verstanden werden. Alle Mitarbeiter müssen begreifen, dass ein neuer Stil und Geist im Unternehmen herrscht, der besagt: Wir handeln und dies schnell. Für das Führungsverhalten und die Verantwortlichkeiten bedeutet Fokus Two hauptsächlich: Positionen und Verantwortungen werden geprüft und überdacht sowie in einigen Fällen neu definiert. Ziel des Projektes Focus Two ist es, fünf bis zehn Prozent Ergebnisverbesserung zu erreichen.

> Focus Two wird vom Führungsteam gemeinsam erarbeitet und sollte im ganzen Unternehmen als Kick-off zum Turnaround verstanden werden. Alle Mitarbeiter müssen begreifen, dass ein neuer Stil und Geist im Unternehmen herrscht, der besagt: Wir handeln und dies schnell.

Dieses Buch vermittelt einfache Verfahren, mit deren Hilfe Sie Missstände transparent machen und in der Folge beseitigen können. Die betriebsspezifischen Probleme und Lösungsansätze eröffnen sich Ihnen zum großen Teil bereits im zweiten Kapitel, der Blaupause. Focus Two ist das Programm zur Bewältigung vieler Schwierigkeiten. In der Führungsrunde gewichten Sie Probleme und Lösungen aus der Blaupause und anderen Quellen quantitativ nach Einsparungs- bzw. Optimierungspotenzial in Euro: netto! Das bedeutet: Investitionen werden gegen die Einsparungen gerechnet. Unter Umständen erkennen Sie, dass und wo viel Geld nutzlos verbrannt wird. Sicher oft gehörte Sprüche wie: „Wir brauchen erst …" und „Wenn wir dieses und jenes hätten, dann …", unterbinden Sie damit. Es gilt der Grundsatz: Wir arbeiten einfach, schnell und kostengünstig. Jede Führungskraft wählt aus der gewichteten Auflistung ein Problem mit zugehörigen Lösungsansätzen und verpflichtet sich, in einem definierten, sehr kurzen Zeitraum die vom Team angestrebte Nettoeinsparung zu erreichen. In einer zweiten Runde werden die laut Ihrer Liste folgenden Themen mit Spar- oder Optimierungspotenzial von den einzelnen Führungsmitarbeitern übernommen. Verbleibende Themen werden zugewiesen oder verlost. Auch hierzu müssen die errechneten Einsparungen schnell und im vereinbarten Zeitraum erreicht werden. Ideal ist es, wenn jede Führungskraft ein Projekt aus ihrem eigenen Bereich hat und ein Projekt aus einem fremden. Jede Führungskraft konzentriert sich in den nächsten zwei bis maximal vier Wochen auf zwei Projekte und ist für diese voll verantwortlich. Die Ausrede, dass darunter das Tagesgeschäft leidet, gilt nicht, denn es greift konsequent die Vertretungsregel: Die Stellvertreter der Führungskräfte übernehmen den Großteil des Tagesgeschäftes. Keinesfalls zulassen dürfen Sie, dass sich Mitarbeiter mit Ausreden aus der Verantwortung zu ziehen versuchen. Bemerkungen wie: „Zu viel Arbeit." oder „Mir fehlt dies und das." sind tabu. Wenn Führungskräfte ihr Ziel nicht erreichen wollen, müssen Sie daraus Konsequenzen in der Organisation ziehen. Gleiches gilt für Sie als Chef. Auch Sie müssen dem Gesamtprojekt und Ihren eigenen zwei Punkten die nötige Priorität einräumen.

Stärken und Schwächen der Abteilungen, der einzelnen Führungskräfte und von deren Vertretern treten zutage! Alle Mitarbeiter erfahren unmissverständlich, dass sich ihr Unternehmen drastisch verändert.

Mindestens zweimal wöchentlich finden kurze und klar strukturierte Besprechungen zum Projekt statt. Darin schildert jeder Teilnehmer die bisher erreichten Zwischenschritte und benennt alle real aufgetretenen Hindernisse. Das gesamte Team unterstützt sich umgehend gegenseitig bei der Beseitigung aller Hemmnisse. Sie werden staunen, wie vielschichtig Focus Two auf das ganze Unternehmen wirkt. Das Zutagetreten von Stärken und Schwächen der Abteilungen, der einzelnen Führungskräfte und von deren Vertretern ist nur ein Effekt. Alle Mitarbeiter erfahren schlagartig, dass sich im Unternehmen etwas ändert, dass in einem bislang unvorstellbaren Maß Kosten reduziert oder neue Umsätze generiert werden. Es wird deutlich, dass der bisherige Gang der Dinge bzw. Trott nicht mehr funktioniert. Diese interne Veränderung wird zudem

Kunden, Lieferanten sowie potenziellen Mitarbeitern auffallen und zu einer neuen und positiven Einstellung gegenüber Ihrer Firma führen. Das Unternehmen tritt in einen kontinuierlichen Verbesserungsprozess (KVP) ein, eines der Erfolgsgeheimnisse von Toyota und Volkswagen.

Beachten Sie: Alle Entscheidungen und Zielsetzungen sind verbindlich. Jede Verletzung der Spielregeln, auch das Verfehlen von Etappenzielen, wird sanktioniert. Dies kann in der Konsequenz durchaus die Auswechslung einer Führungskraft bedeuten. Ein Unternehmen kann nur erfolgreich am Markt bestehen, wenn motivierte Mitarbeiter in den richtigen Positionen wirken. Speziell Führungskräfte müssen vorbildhaft und engagiert die erarbeiteten Strategien und Ziele konsequent operativ umsetzen. Ich habe oft erlebt, dass Focus Two nach dem, vorsichtig formuliert, „Knirschen" in den ersten Wochen ein Selbstläufer wurde. Punkt eins und auch zwei wurden sehr schnell erledigt. Der Erfolg zeigte sich umgehend und der Aha-Effekt im ganzen Unternehmen war so groß, dass die meisten Führungskräfte mit Begeisterung weitere Schlüsselaufgaben suchten.

Ein Unternehmen kann nur erfolgreich am Markt bestehen, wenn motivierte Mitarbeiter in den richtigen Positionen wirken. Speziell Führungskräfte müssen vorbildhaft und engagiert die erarbeiteten Strategien und Ziele konsequent operativ umsetzen.

5.3 Beispiel aus der Praxis

Es ist nicht alles Gold, was glänzt

Es war immer mein Ziel, meine Unternehmungen auch wissenschaftlich untermauern zu lassen. Ich habe deshalb oft, gerne und durchaus erfolgreich mit Universitäten und Fachhochschulen zusammengearbeitet. Dabei ist allerdings Vorsicht geboten, blindes Vertrauen birgt Konfliktpotenzial, denn Theorie und Praxis harmonieren nicht immer, wie eine Episode aus universitärer Kooperation belegt. Anlass für diese spezielle

Zusammenarbeit war der Wunsch, die Tresorproduktion unabhängiger vom Stahlmarkt und dessen Preisschwankungen zu gestalten.

> Theorie und Praxis harmonieren nicht immer, trotzdem ist die Zusammenarbeit mit Wissenschaft und Forschung lohnend.

Ein Tresorkörper besteht aus Spezialbeton mit Armierungen und einigen anderen technischen Feinheiten. Er ist innen und außen mit einem Blechmantel umhüllt. Mein Gedanke war, erhebliche Kostenvorteile gegenüber dem Wettbewerb erlangen zu können, wenn unsere Tresore ohne Blech auskämen. Nichts lag näher, als die renommierteste deutsche Hochschule für Betonforschung zu gewinnen, um einen Tresorkorpus zu entwickeln, der ohne Blechmantel auskommt. Wir stellten ein Budget von 60.000 Euro bereit und beauftragten eine Professorin inklusive zwei ihrer Diplomanden mit dem Forschungsprojekt. Die Zusammenarbeit gestaltete sich höchst erfreulich, es wurde geforscht und viel geschrieben, die Professorin gab uns Zwischenmeldungen mit überaus positivem Wortlaut. Die Lösung der Aufgabe schien kein Problem zu sein. Wir feierten schon im Vorfeld und waren uns absolut sicher, das Ei des Kolumbus entdeckt zu haben. Wir meldeten das neue Produkt bei der VdS (Vertrauen durch Sicherheit) Schadensverhütung GmbH Köln, der Prüfstelle der deutschen Versicherungswirtschaft, in Köln zur Freigabe an und fieberten der Markteinführung entgegen.

Das Erstaunen der VdS-Mitarbeiter nach dem Lesen der Beschreibung verunsicherte uns nicht, sondern bestärkte uns eher in unserer Innovationseuphorie. Wir hatten schließlich im Institut gesehen, wie riesige Maschinen unseren Prototypen bearbeiteten. Wir hatten genauestens beschrieben, welchen Tests und Krafteinwirkungen der Tresor standhalten muss, und waren uns nach vielen Gesprächen mit den Wissenschaftlern unserer Sache absolut sicher. Der erste Tresor für Geldbehältnisse ohne Blech wurde von der Uni direkt ins Prüflabor transportiert. Mein Kollege Leis und die beiden Diplomanden wohnten dem Test persönlich bei, ich selbst war im Urlaub. Gegen Mittag klingelte mein Handy, ich meldete mich siegesgewiss mit den Worten: „Und, alles klar?" Die Antwort meines Partners Alexander Leis lautete lapidar: „Nur drei Schläge." Beim dritten Schlag von über einhundert erforderlichen mit dem Testhammer war der Tresor auseinandergebrochen. Ich traute meinen Ohren nicht, ärgerte mich aber weniger über die Uni als über mich selbst.

Vertrauen ist gut, Kontrolle ist besser! Eine Fokussierung sowie eine gewissenhafte interne Überprüfung aller Ergebnisse sparen viel Geld und Zeit.

Wir hatten unser Prinzip des Einfachen nicht befolgt. Anstatt unser bewährtes eigenes Prüfteam an die Uni zu schicken und einen Vortest vorzunehmen, hatten wir blind vertraut. Das Gutachten einer Professorin, zweier Jungforscher, 80-seitige Abhandlungen und diverse Forschungstestberichte nahmen uns jegliche Zweifel. Wenn der Prototyp nach 100 Schlägen in die Knie gegangen wäre, hätte ich das ganze als Pech abgehakt. Dass er aber schon nach drei Schlägen zerbrach, war als Ergebnis eines so aufwendigen Projektes absurd. Ich rief natürlich unverzüglich die Professorin an, erläuterte ihr höflich und sachlich die Situation mit der Bitte um Stellungnahme. Die Antwort der Professorin war: „Das kann nicht sein." Wort- und fassungslos beendete ich das Telefonat und war ein für alle Mal von blindem Vertrauen in die Wissenschaft geheilt. Ich habe nie wieder Forschungsergebnissen geglaubt, die nicht meinen eigenen Prüfkriterien standgehalten hatten. Quintessenz der Geschichte: Vertrauen ist gut, Kontrolle ist besser. Eine Fokussierung auf das Projekt hätte viel Geld und Zeit sparen können.

Da ich immer zu Ende bringe, was ich einmal begonnen habe, verfolgten wir das Thema an sich dennoch weiter. Die technische Lösung unserer Vision gelang knapp ein Jahr später. Der entwickelte Spezialwerkstoff ist jedoch bis heute teurer in der Herstellung als die traditionelle Kombination: Spezialbeton mit Blechummantelung.

> 🗩 *Fördern Sie aktiv den Aufbau eines Kommunikationsnetzes, unmittelbar nach Abschluss Ihrer Ist-Analyse. Laden Sie als Moderator ein, nehmen Sie in der Anfangszeit generell an allen Versammlungen teil und später sporadisch, wann immer das möglich ist. Sie brauchen das Kommunikationsnetz als Hardware zur Mitarbeiterführung, um Ängste und Ressentiments abzubauen. Es muss den stetigen Austausch, die Rotation der Informationen zuverlässig gewährleisten.*

5.4 Beispieldokumente aus der Praxis

25.04.xx/ MC-mai

Projekt FOCUS TWO

Herr / Frau	Projekte	in EUR
Collin	1. Focus two	1,0 Mio.
	2. Focus, Focus, Focus	1,0 Mio.
Burandt	1. Fertigungspläne	0,1 Mio.
	2. Umbau Lackieranlage	0,1 Mio.
Laser	1. Miete Neu-Isenburg	0,6 Mio.
	2. Insolvenzgeld	1,5 Mio.
Stein	1. Verlagerung Konstruktion	0,3 Mio.
	2. Neue Produkte	0,2 Mio.
Stocker	1. SIAB	0,5 Mio.
	2. NCR	0,5 Mio.

Müller	1. Jäger	0,1 Mio.
	2. andere Kunden	0,2 Mio.
Pokorny	1. Wertanalyse UL	0,2 Mio.
	2. Krankenstand	0,1 Mio.
Odstrcil	1. Fertigungsfluss	0,1 Mio.
	2. Nachkalkulation	0,1 Mio.
Anderova	1. Qualitätssicherung	0,1 Mio.
	2. Wareneingangskontrolle	0,3 Mio.
Bàrtlova	1. Integration Part	0,1 Mio.
	2. Gelände Moravan	0,1 Mio.
Mainitz	1. Miete Helmkestraße	0,2 Mio.
	2. halbe Miete Gerberstraße	0,1 Mio.
Wienke	1. Produktstandardisierung	0,4 Mio.
	2. Schlösser-Vereinheitlichung	0,1 Mio.

Was werden wir noch tun?

1. Operativ = Kosten um weitere EUR 1,0 Mio. senken

1.1. 40-Stunden-Woche ohne Lohnausgleich einführen
= EUR 200.000,--

V.: Collin
T.: 31.12.xx

1.2. Streichung von Kleinkunden
= EUR 150.000,--

V.: Birck
T.: 15.12.xx

1.3. Kernmacherei durch Fremdbezug und Fläche vermieten
= EUR 80.000.--

V.: Bauer
T.: 15.12.xx

Kapitel 6 Fertigungs- und Verfahrensanweisungen

„Wahrlich ein köstliches Gut ist tief eingehendes Wissen,
aber zuletzt doch nur, weil es ein Können gebiert. "

[Christian Friedrich Hebbel, dt. Dramatiker und Lyriker]

6.1 Begriffsklärung

Fertigungs- und Verfahrensanweisungen sollen sicherstellen, dass eine Aufgabe effizient und konsistent durchgeführt wird. Verfahrensanweisungen regulieren die Durchführung der Unternehmensaktivitäten und gewährleisten unter anderem, dass Entscheidungsfindungen angemessen durchdacht, zum Beispiel im Fall von Disziplinar- und Beschwerdeverfahren, durchgeführt werden. Im Kontext formaler Qualitätsmanagementsysteme werden Fertigungsanweisungen angewandt, um Arbeitsprozesse zu kontrollieren und zu überwachen sowie das Einhalten der Normen zu sichern. Im Sinne einer verbindlichen Vorschrift belegen sie nachvollziehbar die normativ vorgeschriebenen Abläufe im Unternehmen. Die jeweiligen Fertigungs- und Verfahrensanweisungen müssen festgelegt, dokumentiert, verwirklicht und aufrechterhalten werden. Dieser Anspruch zieht die Tätigkeiten der Freigabe, Schulung sowie Prüfung bzw. Auditierung nach sich, deren Durchführung ihrerseits dokumentiert sein muss.

6.2 Vorgehensweise

Fertigungs- oder Verfahrensanweisungen sind ein hochbrisantes Thema, insbesondere bei Zertifizierungen nach ISO. Der Termin der Abnahme und alle zu erledigenden Aufgaben sind über Monate hinweg bekannt, aber erst in den letzten Wochen und Tagen wird alles in großer Eile und Hektik erledigt. Die im Zuge gesetzlicher Zertifizierungen geforderten Fertigungs- oder Verfahrensanweisungen sind Inhalt des Qualitätssicherungshandbuchs, sie erfüllen meist dem Buchstaben nach die Anforderungen, sind intern jedoch wenig nutzbar. Das QS-Handbuch verschwindet oftmals im Schrank und wird erst vor der nächsten turnusmäßigen Zertifizierung wieder hervorgeholt.

Ein optimales Handbuch hingegen ist wie ein gutes Kochbuch. Es beschreibt exakt die durchzuführenden Tätigkeiten in den Labors, in den Büros sowie in der Produktion und bildet zugleich die Grundlage für kurze Lieferzeiten, höchste Liefertreue sowie unbedingt für die Null-Fehler-Qualität. Es bedient den Grundsatz: „Wir arbeiten unkompliziert, schnell und kostengünstig." Nur wenn klar ist, was zu tun ist, lässt sich dieses Versprechen einhalten. In all meinen Firmen konnten wir auf Basis eines solchen Hand-Kochbuchs eine nahezu hundertprozentige Null-Fehler-Qualität erreichen, wir erhielten dafür diverse Auszeichnungen namhafter Kunden.

Ein optimales Handbuch ist wie ein gutes Kochbuch. Es dokumentiert alle Arbeitsabläufe so genau, dass jedermann sie nachvollziehen kann.

Ich verzichte hier auf die oft übliche Unterscheidung nach Fertigungs- oder Verfahrensanweisungen und benutze stattdessen den Begriff Fertigungs- und Verfahrensanweisungen übergreifend. Im nachfolgend beschriebenen internen Handbuch wird alles, was die Mitarbeiter tun sollen, exakt dokumentiert. Eigenmächtige Modifikationen der Tätigkeit sind nicht erlaubt. Jede Änderung muss begründet werden, beispielsweise mit Rationalisierungseffekten oder besserer Qualität. Das Handbuch erspart viele Diskussionen. Es unterbindet im täglichen, operativen Geschäft die Geheimniskrämerei von Mitarbeitern und beendet im Unternehmen die Ära der Erpressbarkeit mittels Know-how, das nur in den Köpfen einzelner Mitarbeiter vorhanden ist. Das Handbuch bildet zudem die Basis für die Ausbildung neuer Mitarbeiter. Ein auf die Schnelle am Abend vor der Arbeitsaufnahme des neuen Mitarbeiters zusammengeschusterter Einarbeitungsplan entfällt. Eine persönliche, kollegiale Einweisung sollte aus arbeitsatmosphärischen Gründen trotzdem vorgenommen werden.

Das Handbuch dokumentiert die Arbeitsabläufe des entsprechenden Arbeitsplatzes so genau, dass jedermann sie nachvollziehen kann. Die Anfertigung dieser, den tatsächlichen Abläufen entsprechenden, Dokumentation obliegt der Gemeinschaft. Das bedeutet: Jeder Mitarbeiter beschreibt seine Tätigkeit auf dem speziell dafür entworfenen Standardformular. Dazu gehören die Angabe aller zu nutzenden Hilfsmittel und die Schilderung, wie diese vorbereitet, eingestellt bzw. gehandhabt werden. Die genaue Beschreibung der in der Produktion zu nutzenden Roh-, Hilfs- und Betriebsstoffe ist ebenso obligatorisch wie die Erwähnung gebräuchlicher Formulare oder zu erstellender Dokumentationen in der Verwaltung. Wenn beispielsweise 50 Dreher in Ihrem Unternehmen arbeiten, müssen alle 50 ihr Formblatt ausfüllen. Wenn mehrere Dreher dasselbe Produkt herstellen, wird ihr Wissen in einer Dokumentation pro Produkt zusammengefasst. Es entsteht ein Handbuch, in dem für alles, was im Unternehmen getan und produziert wird, nur eine einzige Beschreibung existiert. Auf Grundlage dieser Verfahrens- und Fertigungsanweisung muss ein neuer Mitarbeiter mit entsprechender Berufsausbildung sehr schnell seinen Arbeitsplatz gut bis sehr gut ausfüllen können. Der einfachste und beste Test für die Qualität der Dokumentationen ist eine stichprobenartige Prüfung. Führen Sie einige Kontrollen selbst durch und beauftragen Sie Mitarbeiter mit weiteren.

Sorgen Sie dafür, dass die Anfertigung Ihres „Kochbuchs" mit allen Fertigungs- und Verfahrensanweisungen zu einer Art Betriebsvergnügen wird, dem die Mitarbeiter mit Freude und Stolz beiwohnen. Nur wer Ihnen wohlgesonnen ist, schreibt Ihnen sein Lieblingsrezept so auf, dass Sie es auch wirklich nachkochen können.

Da ein gutes Handbuch einen Großteil des Know-hows Ihres Unternehmens in sich birgt, sollte das komplette Verzeichnis nur Ihnen selbst oder ggf. wenigen anderen Mitarbeitern Ihres Vertrauens zugänglich sein. An den einzelnen Arbeitsplätzen liegen nur die jeweils entsprechenden Fertigungs- und Verfahrensanweisungen vor. Dieses Handbuch ist selbstredend nicht identisch mit dem öffentlichen Qualitätssicherungshandbuch, welches in vielen Firmen eingeführt ist. Nach der TÜV-Abnahme nimmt es in der Regel nur noch der Qualitätsbeauftragte aus dem Schrank. Niemand kann danach „kochen". Es entsteht meist unter Zeitdruck und Drohungen der Zertifizierungsbevollmächtigten. Sorgen Sie dafür, dass die Anfertigung Ihres Buchs mit allen Fertigungs- und Verfahrensanweisungen zu einer Art Betriebsvergnügen wird, dem die Mitarbeiter mit Freude und Stolz beiwohnen. Nur wer Ihnen wohlgesonnen ist, schreibt Ihnen sein Lieblingsrezept so auf, dass Sie es auch wirklich nachkochen können. Wenn Ihnen jemand zeigen will, wie gut oder unersetzlich er selbst ist, wird er das Rezept bzw. seine Tätigkeit so formulieren, dass niemand in der Lage ist, seine Arbeit ebenso gut wie er selbst zu erledigen. Teile Ihres internen Handbuchs können in das QS-Buch einfließen, sollten aber nur allgemein bekanntes Know-how preisgeben.

6.3 Beispiel aus der Praxis

Geheime Verschlusssache

Bei meinen Begehungen während der Ist-Analyse stellte ich immer wieder fest, dass die Zuverlässigkeit der Produktionsergebnisse auf tönernen Füßen stand. Die Qualitätssicherung hing fast ausschließlich vom Wissen einiger weniger Mitarbeiter ab. In jeder Berufsgruppe, bei jedem Produktionsschritt gab es nur zwei bis drei Facharbeiter von zehn oder mehr Kollegen, die das komplette spezifische Produktions-Know-how in ihren Köpfen und Händen bargen. Nur sie kannten die geheimen Kniffe zur perfekten Bearbeitung der Werkstoffe, beherrschten auch die letzten Raffinessen der Maschinen und durchschauten die Konstruktionsvorgaben bis ins letzte Detail. Sie fertigten die Prototypen, wenn ein neues

Werkstück in Produktion ging, und wiesen dann ihre Kollegen ein. Wenn einer von diesen Wissensträgern im Urlaub war oder plötzlich krank wurde, stand teilweise die Produktion still und es wurde in nennenswerten Mengen Ausschuss produziert. Wenn einer dieser Experten kündigte, war das eine Katastrophe für die ganze Firma. Ähnliche Vorgänge beobachtete ich in der Konstruktion und im Labor. Vieles lief sehr geheimnisvoll ab. Das kann nicht sein. Solche Zustände sabotieren jede erfolgreiche Unternehmensentwicklung nachhaltig. Eine Organisation muss selbst lebensfähig sein. Bei aller Wertschätzung für den Menschen, er ist nur ausführendes und ersetzbares Rad im Getriebe. Firmen-Know-how darf kein wohlbehütetes Geheimwissen einzelner Mitarbeiter sein.

Mein Geschäftspartner Alexander Leis und ich: Wir sind Kaufleute und keine Ingenieure, Werkstofftechniker oder Dreher. Wir finden Technik spannend, haben aber keine Ahnung vom Detail. Unser Ansatz war: Wir wollen eine schnelle Lieferzeit erreichen mit hoher Liefertreue und Null-Fehler-Qualität. Diese Intention erlaubt nur eine Schlussfolgerung: Produzieren muss die Organisation und nicht das Individuum. Unser oberstes Ziel war, die Organisation in die Lage zu versetzen, diese Vorgabe zuverlässig zu gewährleisten. Bei all meinen Unternehmungen habe ich deshalb mit Beginn meiner Tätigkeit als Geschäftsführer bzw. Firmeninhaber sehr schnell die vorstehend erwähnte Art von Kochbuch erstellen lassen, bzw. es als Chefsache mit erarbeitet. Wir kommunizierten an die Mitarbeiter, dass wir für jeden Fertigungsschritt im gesamten Produktionsprozess eine für jedermann nachvollziehbare Handlungsanweisung wollen und dass wir persönlich die Arbeitsschritte testen würden. Dieses Ansinnen führte erst einmal zu großem Gelächter, welches aber schnell zu Bewunderung wurde. Ein Chef, der sich die Hände schmutzig macht, das ist außergewöhnlich und erzeugt Respekt. Wir sind noch weiter gegangen, indem wir verkündeten, dass unsere Sekretärinnen es auch probieren würden. Wenn Ihnen diese Vorgehensweise etwas kindisch erscheint, irren Sie. Unterschätzen Sie nie die Stellung Ihrer Assistentinnen bzw. Sekretärinnen bei Ihren Mitarbeitern. Die Aussicht, dass sie im Blaumann in der Produktion mitarbeiten müssen, sorgte überall für ausgesprochen gute Stimmung und motivierte die Verfasser der Arbeitsanleitungen enorm.

Produzieren muss die Organisation, unabhängig vom einzelnen Individuum. Oberstes Ziel ist es, die Organisation in die Lage zu versetzen, dies zuverlässig gewährleisten zu können. Firmen-Know-how darf kein wohlbehütetes Geheimwissen einzelner Mitarbeiter sein.

Unsere Forderungen begründeten wir ausführlich im Kontext unserer Unternehmensziele. Die Belegschaft erkannte die Notwendigkeit, begriff die eigenen Vorteile, die sich daraus ergeben und fühlte sich als wichtiger Teil des Veränderungsprozesses. Viele waren gewohnt, vom Betriebsleiter Sätze wie: „Sie sind zum Arbeiten und nicht zum Denken hier." zu hören, und reagierten entsprechend positiv auf das neue Arbeitsklima. Das einzige Problem bei der Erstellung des Buches lag in der stark differierenden verbalen Ausdrucksfähigkeit der Mitarbeiter. Wir gaben ihnen ausreichend Zeit, die Texte im stillen Kämmerchen immer wieder nachzubessern und mit ihren Meistern zu besprechen, so lange, bis sie für Fachfremde verständlich waren. Vielen wurde erst im Laufe des Schreibprozesses bewusst, wie viel Wissen sie besitzen, dass sie Künstler auf ihrem Gebiet sind. Die meisten waren dann stolz darauf, ihr Know-how weitergeben zu können. Sie identifizierten sich mit dem, was sie zu Papier brachten, und pflegten ihre Texte auch nach Fertigstellung kontinuierlich. Unser Kochbuch wurde ein lebendiges Werk, es war immer auf dem neusten Stand.

Vor der Verabschiedung der finalen Version des Buches prüften wir, wie angekündigt, den Inhalt sorgfältig auf seine Wahrhaftigkeit. Alle im Firmenkochbuch hinterlegten Tätigkeiten wurden anhand der Beschreibungen von uns selbst ausgeführt oder wir beauftragten Mitarbeiter, eine entsprechende Tätigkeit laut Handbuch an einem ihnen fremden Arbeitsplatz zu erledigen. Kam am Ende nicht das geforderte Ergebnis heraus, musste der Verfasser nachbessern.

Meine Assistentinnen haben in der Gießerei Kerne geformt, Verkäufer haben am Ofen geschmolzen oder Former sind mit zum Kunden gefahren. Auf diese Art testeten wir nicht nur die Qualität des Handbuches, sondern erzielten auch einen äußerst erfreulichen Nebeneffekt: Das Wort Abteilung verlor seinen negativen Touch. Es bedeutete nicht mehr abteilen. Die Mitarbeiter entwickelten sowohl ein neues Verständnis untereinander als auch für die Zusammenhänge im Unternehmen. Die Chefsekretärinnen aßen plötzlich mit den Arbeitern in der Kantine an einem Tisch. Man kannte Kollegen aus anderen Bereichen persönlich und auch den Chef. Es wurde intensiv und unkompliziert kommuniziert. Jeder hatte bewiesen, dass er richtig zupacken kann. Die Aktion lehrte zudem Demut vor der Leistung des anderen.

Das Wort Abteilung verliert seinen negativen Touch. Es bedeutete nicht mehr abteilen. Die Mitarbeiter entwickeln ein neues Verständnis untereinander und für die Zusammenhänge ihres Unternehmens. Man kennt Kollegen und Vorgesetzte aus anderen Bereichen persönlich, die Kommunikation verläuft unkompliziert und intensiv.

Mein Kollege Leis, ein athletisch gebauter Mann, war die Testperson des »Rezeptes« für die Maschinenformerei. Er wollte nicht einfach nur nachbauen, sondern den Männern, die dort seit vielen Jahren arbeiteten, zeigen, dass er ein ganzer Kerl war. Er studierte die Anweisungen, machte sich an einem Nachmittag mit den Handgriffen und Arbeitsschritten vertraut und trat am nächsten Morgen früh um sechs Uhr an, um eine komplette Schicht mitzuarbeiten. Nach deren Ende um 14 Uhr kam mein Freund und Kollege Alexander Leis in sein Büro als Vertriebsleiter. Er lief irgendetwas unverständliches murmelnd an mir vorbei, setzte sich auf seinen Schreibtischstuhl und schlief sofort ein, für mindestens eine Stunde, unmittelbar danach fuhr er nach Hause. Am Abend rief mich seine besorgte Frau an und fragte, was denn mit ihrem Mann passiert wäre, er läge im Bett und schliefe wie ein Stein. Am nächsten Tag schlich er wie ein alter Mann durch die Gießerei. Seine Formen waren tadellos, er hatte eine beachtliche durchschnittliche Stückzahl erreicht, aber natürlich weniger als die geübten Arbeiter. Den Respekt der Maschinenformer hatte er sich allerdings erarbeitet. Wir lachen noch heute über seinen desolaten körperlichen Zustand nach nur einer Schicht.

Führung ist eine Frage der Mentalität und des Stils. Loslassen: vertrauen und machen lassen, das ist mein Erfolgsrezept. Ihre Aufgabe als Unternehmer und Führungskraft ist es, die Zukunft des Unternehmens durch kluge strategische Entscheidungen und seriöses kaufmännisches Handeln zu sichern. Kontrollieren Sie die Ergebnisse, aber lassen Sie die Mitarbeiter den Weg selbst bestimmen. Das Alltagsgeschäft muss ohne Ihr Zutun funktionieren. Scheren Sie sich nicht darum, wie lange die Mitarbeiter schwätzen. Solange die Grundsätze des Unternehmens befolgt werden, die Zielvereinbarungen erreicht werden und die Rendite stimmt, gibt es keinen Grund, in die operative Arbeit einzugreifen.

6.4 Beispieldokument aus der Praxis

Herstellungsverfahren PANCAKE HIGHLIGHTER (PLUS JAPAN)

Einstellung der Maschine:

Leader Tension	6,5 – 8
Stop Brake	4
Speed	5,5 – 6,5
Tension	6,5 – 7
Leader Speed	5,5
Brake	5,5
Länge	für die Länge von 6,2 m auf l 54 einstellen
Breite	4,2 mm.

Vor der Herstellung des HIGHLIGHTERs ist die Maschine sorgfältig zu reinigen.

Vorgang:

– die Maschine einschalten

– die Rolle aufziehen, - auf die Maschine die Rolle mit der überzogenen Schicht nach oben, unter die untere Walze, über 2 obere Walzen unter den Filz über die Maschinenfläche aufziehen. Hinunter über 2 mit Silikon überzogene Walzen zwischen die Zugwalzen unter der Silikonwalze und zwischen der Alu-Walze hinauf auf die Stange. Etwas anfahren und die Rasierklingen hinunter lassen.
Die Rasierklingen sind so einzustellen, dass ihr gutes Schneiden gewährleistet ist.

<u>Sind diese niedrig – es reißt ab, sind sie hoch – schneiden sie schlecht</u>

– Verkleben (Vorspann)

– beim Anfahren der gegebenen Meter sind sie folgend zu verbinden – an die Seite der Maschine gehen und 1 Streifen links mit Klebestreifen von der gegebenen Rille und 3 Klebestreifen rechts von der gegebenen Rille ablösen, glätten, damit sich die überzogenen Schicht gut mit dem Klebestreifen verbindet, dann in der gegebenen Rille zuschneiden und zurück auf die Rolle aufwickeln – nur ein Stückchen. Dazwischen ein Papier aufziehen und mit einem speziellen Klebstreifen aus Deutschland (weiß) überkleben. Zwischen Papier und Folie sollte eine Lücke von ca. 2 – 2,5 cm bleiben, an dieser Stelle wird es überklebt. Glätten und links 2 Streifen je nach Monat und Woche aufzeichnen. Von der Maschine abkleben und anhalten.

– erstes Anhalten: um eine gute Verteilung auf die untere und obere Stange zu erreichen, muss die Maschine so angehalten werden, dass der Verklebungsteil vor der Zugwalze erscheint. Unter diesen Teil ein Lineal unterkleben und über dem Lineal abwechselnd durchschneiden (immer den unteren Streifen). Auslaufen und auf die Stange überziehen.

– Einstellen der Stangen – die Stangen müssen immer so eingestellt sein, dass die Streifen in der Mitte der Stange gerade auf der Spule sind.

– Anfahren der Stange – der schon guten Highlighters

– Den Start-Knopf, mit dessen Hilfe eine bestimmte Zahl an Metern angefahren werden, loslassen / sofern irgendwo schlecht aufgewickelt wird – mit dem Stop-Knopf anhalten, den schlechten Streifen abschneiden, den Streifen ziehen und auf bestimmte Meter anhalten, mit dem Vorspann verkleben und anhalten. So anhalten, daß angehalten wird bis auf der Spule der zweite Klebstreifen erscheint. Auf die zweite Stange überziehen und abschneiden. So abschneiden, dass auf der neuen Stange ein möglichst kleiner Teil des Vorspanns bleibt. Von der aufgewickelten Spule den überschüssigen Vorspann abschneiden, das Ende auf der aufgewickelten Spule muss so klein wie möglich bleiben. Die Stange von der Maschine herunternehmen und eine weitere Angestellte zieht eine neue ein.

– Einziehen der Stangen – die Stangen werden abwechselnd mit Unterlagen eingezogen. Immer wird, bis an das Ende der Stange, eine Unterlage und eine Spule gegeben. Am Ende der Stange eine gelbe Spule.

– Kontrolle beim Anfahren – einmal binnen 2 Stunden in den Apparat einen Streifen einmontieren und auf seine Funktion kontrollieren – ob er gleichmäßig auf das Papier aufgetragen wird.

  – Die Länge 4x während der Schicht nachmessen

  – beim Rollenwechsel – gleich beim ersten Anfahren prüfen

  – die Festigkeit der Streifen kontrollieren

  – harter, schlechter – springt heraus – Tension senken

  – weicher – Tension vergrößern

  – Die Streifen sind in einer Richtung aufzuwickeln.

Kapitel 7 Das Kommunikationsnetz

„Ein Abend, an dem sich alle Anwesenden einig sind,
ist ein verlorener Abend."

[Albert Einstein, dt.-amerik. Wissenschaftler]

7.1 Begriffsklärung

Der Begriff Kommunikation stammt aus dem Lateinischen, communicare heißt: teilen, mitteilen, teilnehmen lassen, gemeinsam machen, vereinigen. In dieser ursprünglichen Bedeutung beschreibt Kommunikation eine soziale Handlung. Heute wird sie hingegen häufig auf den Austausch von Informationen reduziert. Selten wird etwas erklärt oder gar auf soziale Aspekte eingegangen. Im Alltag verläuft Kommunikation selbstverständlich, meist ohne hinterfragt zu werden. Erst bei Missverständnissen bzw. Misserfolgen, die mit mangelhafter Kommunikation in Zusammenhang gebracht werden können, wird sie hinterfragt bzw. analysiert.

Die wissenschaftliche Betrachtung von Kommunikation zeigt, dass sie ein komplexes Phänomen ist. Es gilt zu beantworten, unter welchen Bedingungen Kommunikation zustande kommt, welche Kriterien ihren Erfolg bestimmen und wie verlässliche Modelle erstellt werden können, aus denen sich Vorhersagen und Handlungsanweisungen ableiten lassen.

In der Betriebswirtschaft spielt Kommunikation als Teil der Organisation eine tragende Rolle. Die Unternehmenskommunikation umfasst das Management von internen sowie externen Kommunikationsprozessen und bezeichnet die Gesamtheit aller Kommunikationsinstrumente sowie -maßnahmen, die eingesetzt werden, um das Unternehmen und seine

Leistungen bei allen relevanten Zielgruppen darzustellen. Dabei werden drei Bereiche unterschieden:

1. Die Organisationskommunikation, sie läuft innerhalb eines Unternehmens ab und umfasst den gesamten Prozess der Leistungserbringung.

2. Die Marktkommunikation, sie bezeichnet die Abstimmungsprozesse zwischen Zulieferbetrieben, Kunden und Wettbewerbern.

3. Die Öffentlichkeitsarbeit, sie bemüht sich um die Integration des Unternehmens in das gesellschaftspolitische Umfeld und bezieht sich auf das Unternehmensimage.

7.2 Vorgehensweise

Wir müssen reden, informieren, kommunizieren: In jedem Lehrbuch steht es als eine Grundregel und trotzdem bezeichnen sich die Mitarbeiter in vielen Unternehmen immer noch frustriert als ahnungslos. Sie werden gar nicht oder zumindest mangelhaft über Ziele, Strategien und operative Vorgehensweisen ihrer Firma informiert. Sie erhalten keine Kenntnis über die aktuelle wirtschaftliche Situation, egal ob positiv oder negativ. Oft entsteht eine großen Schaden anrichtende, die Tatsachen verdrehende Gerüchteküche. Die Folge dieser schlechten Kommunikationskultur sind demotivierte Mitarbeiter auf allen Ebenen, die falsche Entscheidungen auf der Grundlage ihres fehlerhaften Wissens über die Hintergründe der Unternehmenspolitik treffen.

Sie müssen ein Kommunikationsnetz aufbauen, ins System implementieren und kompromisslos umsetzen, welches alle Mitarbeiter auf einen hohen und einheitlichen Informationsstand bringt. Ein Unternehmer oder Manager, der erst in der Krise und in letzter Minute vor seine Belegschaft tritt und um Opfer bittet, ist chancenlos.

Sie als Chef müssen das Kommunikationsnetz aufbauen, ins System implementieren und kompromisslos umsetzen. Menschen sind unterschiedlich gesprächs- und informationsbereit, sie stufen Kommunikation oft als zweitrangige Aufgabe ein und vergessen sie dementsprechend gerne einmal ganz. Ein Unternehmer oder Manager, der erst in der Krise und in letzter Minute vor seine Belegschaft tritt und um Opfer bittet, ist chancenlos. Informieren Sie deshalb rechtzeitig die komplette Belegschaft in einer Betriebsversammlung über Anliegen und Prozedere. Betonen Sie dabei den Anspruch eines jeden Mitarbeiters auf vollständige und korrekte Information. Sie erlangen damit eine hohe Glaubwürdigkeit. Diese wird sich besonders in Krisenzeiten sehr positiv bemerkbar machen. Der kontinuierliche Kommunikationsprozess verleiht dem gesamten Unternehmen Ruhe und Klarheit. Das führt zu einem reibungslosen Ablauf des Tagesgeschäfts und ist Voraussetzung dafür, dass Neues, Innovationen und Visionen in die Organisation eingebracht werden können.

Zuerst müssen Sie als Chef persönlich im Kopf eine Wende vollziehen. Sie müssen entscheiden: Ich schaffe Transparenz! Ich bin ehrlich! Das klingt als Aussage überflüssig, ist es aber nicht. Im Gegenteil, es ist von fundamentaler Bedeutung. Sie demonstrieren damit Vertrauenswürdigkeit. Sie schaffen die Grundlage dafür, dass sich die Mitarbeiter mit Ihnen und der Situation auseinandersetzen können, weil sie ausreichend informiert sind. Ihre Belegschaft wird daraus zu 90 Prozent selbstständig die richtigen Schlüsse ziehen. Wenn Sie die zwei Grundsätze Transparenz und Ehrlichkeit nicht zu 100 Prozent einhalten und offen anwenden, wird Ihnen der Turnaround nicht nachhaltig gelingen.

Das Kommunikationsnetz ist ein sehr entscheidendes unter meinen zwölf Elementen, die den Erfolg ausmachen. Ziel ist es, alle Mitarbeiter auf den gleichen Informationsstand zu bringen. Die Voraussetzung hierfür ist, dass alle Informationen sowie Neuerungen und Innovationen von oben nach unten genauso wie von unten nach oben kommuniziert werden. Sie erreichen das durch ein alle Mitarbeiter einschließendes Netz. Damit Kontinuität und Störungsfreiheit des Informationsflusses gewährleistet bleiben, bekommt das Kommunikationsnetz fixe Terminvorgaben.

Führen Sie wöchentliche Zeitfenster ein, in denen die Produktion ruht, die Mitarbeiter über die aktuelle Situation des Unternehmens informiert werden und Raum für Diskussionen darüber vorfinden. Richten Sie Versammlungsorte dafür ein, mit Stühlen und Flipcharts. Nehmen Sie gelegentlich persönlich auch an den Teamsitzungen der Arbeiter teil.

Beginnen Sie bei Ihrer Führungsmannschaft. Kommunizieren Sie zum Beispiel während des wöchentlichen Jour fixe am Montag alle aktuellen Themen und dokumentieren Sie am Ende der Besprechung explizit alle Punkte, die an die nächste Ebene weitergegeben werden müssen. In der nächsten Hierarchiestufe, also beispielsweise bei Abteilungsleitern und Meistern, werden diese Punkte dann spätestens am Mittwoch bekannt gegeben. Es wird schriftlich festgehalten, welche Informationen weiterzuleiten sind. Auf jeder Ebene entstehen während des Diskussionsprozesses neue Informationen, sie werden alle dokumentiert und sind dann nach unten und oben weiterzugeben. Mit diesem System werden beispielsweise am Freitag die Abteilungsleiter und Meister in ihren jeweiligen Gruppen alle Mitarbeiter informieren und neue Punkte, vor allem Anregungen und Ideen, schriftlich fixieren. Diese Informationen beginnen dann ihre Reise nach oben, um bei den Montagstreffen im Führungskreis besprochen und verarbeitet zu werden. So gewährleisten Sie ein kontinuierliches Fließen von Nachrichten durch das ganze Unternehmen. Sie regen den Gedankenaustausch an und schaffen die Voraussetzung dafür, dass alle wichtige Informationen, sowohl auf der fachlichen als auch auf der sozialen Ebene, in die Organisation einfließen können.

Hinzu kommen für Sie als Chef monatliche oder wenigstens vierteljährliche Betriebsversammlungen, in denen ohne lange Statements klare und kurze Informationen ausgetauscht werden. Zusätzlich planen Sie monatlich mittels einer gut vorbereiteten Agenda den Gedankenaustausch mit Ihren Belegschaftsvertretern. Sie kommunizieren immer ehrlich, wie es um das Unternehmen steht. Wenn das Ergebnis gut ist, muss das bekannt gegeben werden, ohne Angst vor Forderungen nach beispielsweise Lohnerhöhungen. Wenn es schlecht steht um die Firma, müssen Sie ehrlich kommunizieren, wie ernst die Lage ist, sowie gegebenenfalls zu persönlichen Fehlern stehen und sie offen aussprechen. Nichts spricht dagegen, die Bilanz bringt es ohnehin wenig später an die Öffentlichkeit.

Wenn Sie transparent arbeiten, haben Sie keine Probleme mit Mitarbeitern! 90 Prozent aller Menschen sind bei ausreichendem Informationsstand in der Lage, die richtigen Schlussfolgerungen selbst zu ziehen.

Wenn Sie dieses Kommunikationsnetz drei Monate mit Leben gefüllt haben, werden das spekulative Gerede, das langwierige und komplizierte Besprechungs- und Versammlungswesen sowie die Flut von Fehlinformationen und -entscheidungen drastisch zurückgehen. Stattdessen werden viele neue Ideen geboren, Raum greifen und auch umgesetzt werden, siehe dazu auch Kapitel 12 „Innovationen". Es werden Vertrauen, ein gemeinsamer Wille sowie die Bereitschaft zur Bewältigung von Krisensituationen entstehen. Sie müssen allerdings Ihren Mitarbeitern vertrauen und deren Einsatz angemessen honorieren. Tun Sie das nicht, senden Sie damit das Signal: Ich erwarte nichts.

Durch das Engagement Ihrer Belegschaft und die Umsetzung der Maßnahmen zur Unternehmensoptimierung werden Sie die Produktivität deutlich steigern können und damit auch mehr verdienen. Dies erlaubt, ja gebietet die Integration von Raum für Kommunikation in die normale Arbeitszeit. An dieser Frage bemisst sich die Ernsthaftigkeit Ihres Veränderungswillens als Unternehmer. Hier zeigt sich, ob Sie ein Sammelsurium eigener Ideen und Maßnahmen um jeden Preis durchsetzen wollen oder ob Sie bereit sind, sich einzulassen auf eine überlegte und strukturierte Umgestaltung Ihres Unternehmens im Schulterschluss mit den Mitarbeitern. Ihre materiellen Investitionskosten beschränken sich auf ein paar Besprechungsstühle für die Produktion, einige Flipcharts und Container zur Aufbewahrung von Papier und Stiften.

7.3 Beispiel aus der Praxis

Jedes Ende ist auch ein Anfang

Die Rheinhütte wurde 1989 von der Friedrichsfeld AG gekauft, deren Vorstandvorsitzender damals Professor Friedrich Reutner war. Die bei Firmenübernahmen übliche Due Diligence hatte im Geheimen stattgefunden. Niemand hatte die Mitarbeiter darüber informiert, wie schlecht es seit Jahren um die Firma stand, und so war der Besitzerwechsel für die gesamte Belegschaft ein großer Schock. Alle stellten sich gegen die neuen Eigner, waren völlig verunsichert und sahen ängstlich in ihre berufliche Zukunft. Diese Erfahrung prägte meinen persönlichen Führungsstil entscheidend und bildet die Basis für mein offenes Kommunikationsverhalten.

Der erfolgreiche Turnaround gelang. Wir führten die Gießerei aus fast 40 Prozent Verlust zu fünf Prozent Gewinn. Der Aufbau des Kommunikationsnetzes war wichtige Grundlage zur Zielerreichung. Binnen zwei Jahren hatten wir eine Gesprächskultur geschaffen, die beispielhaft war. Former grübelten über technischen Zeichnungen, wie sie Arbeitsschritte vereinfachen könnten, und Schmelzer unterbreiteten den Meistern Vorschläge zur Verbesserung der Qualität. Wir waren zu einem Team geworden, in dem jeder mit persönlichem Engagement bei der Sache war und mit Feuereifer zum Gelingen des Turnarounds beitrug.

Als der Konzernvorstand trotz der positiven Entwicklung die Verlagerung der kompletten Gießerei zum 31.12.1994 unter einem neuen Eigentümer nach Portugal beschloss, war ich persönlich enttäuscht. Zusammen mit der Belegschaft suchte ich nach einem Weg, die Gießerei zu kaufen, aber uns fehlten ausreichende Mittel. Mit Hilfe des Kommunikationsnetzes bereitete ich daraufhin die Mitarbeiter auf die Schließung vor. Sie waren zu einem Team geworden und konnten deshalb ihre Wut, ihre Ängste, ihren Frust in Gesprächsrunden abbauen. Sie durchliefen einen Prozess, der es ihnen ermöglichte, friedlich Abschied zu nehmen. Die Wiesbadener Arbeiter unterwiesen die neuen portugiesischen Kollegen und demontierten ihre Gießerei so sorgfältig, dass alle Teile in Portugal unversehrt ankamen und direkt zum Wiederaufbau verwendet werden konnten. Einen eindeutigeren Gradmesser für den Wert des Kommunikationsnetzes gibt es nicht.

Am 23.12.1994 mietete ich zusammen mit meinem Kollegen und späteren Kompagnon Alexander Leis einen großen Saal inklusive einer Musikband. Wir luden die komplette Belegschaft zu einer Abschiedsfeier ein. Es kamen alle gut 100 Mitarbeiter, die meisten davon mit ihren Partnern. Der Abend begann um 19.00 Uhr und endete am nächsten Morgen um 03.00 Uhr. Das war kein gemeinschaftliches Frusttrinken, sondern eine Feier des Auseinandergehens, ein Abschied vom Alten und der Auftakt zu etwas Neuem. Es war der letzte Beweis für Sinn und Wert unseres Kommunikationsnetzes und seiner positiven Auswirkungen auf die gesamte Organisation.

Von den Mitarbeitern wechselte ein Drittel in die ebenfalls zum Konzern gehörende Maschinenfabrik in unmittelbarer Nachbarschaft, ein Drittel verabschiedete sich im Rahmen von Vorruhestandsreglungen aus dem Arbeitsleben. Dem letzten Drittel half ich aktiv, in anderen Wiesbadener Firmen unterzukommen. Heute, 15 Jahre nach der Schließung, leben noch ca. 80 ehemalige Mitarbeiter in meiner Nachbarschaft in Wiesbaden Biebrich. Wenn wir uns auf der Straße treffen, grüßen wir uns mit Handschlag und reden über die alten Zeiten sowie neue Ereignisse. Es liegen keinerlei Ressentiments vor. Das zeigt: Auch eine Werksschließung ist mit Anstand umsetzbar. Zum Thema Outplacement finden Sie einiges mehr im Nachwort.

> 🖋 *Ein erfolgreicher Unternehmer ist Kaufmann, Psychologe und Visionär in einer Person. Man kann mit Rennen und Kraft versuchen, in der Herde Karriere zu machen, für viele endet diese Ochsentour im Burn-out-Syndrom mitten im Leben. Betrachten Sie Ihr Tun auch einmal von außen. Besinnen Sie sich auf Ihre Stärken. Als Unternehmer und Manager müssen Sie strategisch denken, organisieren, zuhören und fördern. Sie müssen sich das Vertauen Ihrer Mitarbeiter erarbeiten, verantwortungsvoll damit umgehen und Lösungen für Probleme finden. Die eigentliche Arbeit lassen Sie erledigen.*

7.4 Beispielaushang zum Kommunikations- und Informationsnetz

Arbeiter	→ Meister	→ dienstags 9 Uhr
Meister	→ Produktionsleiter	→ dienstags 8.30 Uhr
Führungsteam		→ mittwochs 14 Uhr
Führungsteam	→ Werkspaziergang	→ freitags 11 Uhr
Betriebsversammlung		→ einmal monatlich
Abteilungsübergreifend → Workshops		→ nach Bedarf

Matthias Collin, 6. März xx

Verteiler: Burandt, Stein, Pokorny, Odstrcil, Kandrnalova, Anderova, Peskova

Kapitel 8 Lagerbestände reduzieren

„Löse das Problem,
nicht die Schuldfrage."

[Japanisches Sprichwort]

8.1 Begriffsklärung

Der Lagerbestand benennt den Vorrat an Rohmaterial sowie der sich aktuell im Herstellungsprozess befindlichen und fertigen Produkte. Mit Lagerhaltung wird die Aufbewahrung und Sicherung von Rohstoffen und Fertigerzeugnissen auf dafür vorgesehenen Flächen bezeichnet. Der Lagerumschlag oder -umsatz besagt, wie häufig Lagerbestände in einem bestimmten Zeitraum ausgetauscht werden. Ermittelt wird er rechnerisch mittels Division der Nettoumsätze durch den durchschnittlichen Lagerbestand pro Jahr oder oft auch pro Monat. Je höher der Lagerumschlag bzw. -umsatz, desto effizienter wird produziert.

8.2. Vorgehensweise

Lagerbestände und Läger sind sehr sensible Themenkreise und nach meiner Erfahrung mit vielen Widerständen und Überraschungen verbunden. Die Lagerhaltung beeinflusst die Liquidität eines Unternehmens erheblich, deshalb müssen die physischen Bestände auf das unbedingt erforderliche Minimum reduziert werden. Ineffizient benutzte Lagerflächen gilt es leerzuräumen und ggf. abzustoßen bzw. durch deren Vermietung zusätzliche Einnahmen zu generieren.

Dieses Projekt übernehmen Sie selbst. Als Erstes begehen Sie alle Flächen, auf denen Teile gelagert werden. Egal ob Roh-, Hilfs- und Betriebsstoffe, Halb- oder Fertigerzeugnisse, Messeteile, Werkstoffproben, Reinigungsmittel oder Büromaterial, intern oder in angemieteten Außenlägern: Sie schauen sich alles genauestens an und gewinnen einen persönlichen Eindruck. Sie verschaffen sich den Überblick über Menge und Zustand von Material und Fertigerzeugnissen bis hin zu Ausschuss und Gerümpel. Sie bewerten die Beschaffenheit der gelagerten Teile. Sind sie noch verwertbar oder schon von Rost zerfressen, ist das Verfallsdatum überschritten oder sind sie längst aus dem Verkaufsprogramm genommen? Fragen Sie hartnäckig alle greifbaren Mitarbeiter, ob es noch irgendwo ein „verstecktes" Lager gibt.

Nachdem Sie alle Orte identifiziert und inspiziert haben, lassen Sie alle Teile, deren Anzahl, Einzelwert und Gesamtwert, in einer Degressionsliste aufführen. Das bedeutet einiges an Arbeit, aber diese bewährte physische Bestandsaufnahme sollten Sie trotzdem alle paar Jahre vornehmen. Die Inventarisation vergleichen Sie mit den Zahlen der Buchhaltung. Klären Sie alle Differenzen. Wenn Sie lange Zeit keine physische Inventur gemacht haben, ist dies sehr zeitaufwendig. Aber: Sie benötigen die Bestandsaufnahme unbedingt, um den korrekten Wert Ihrer Bestände ermitteln zu können. Erleichtern Sie sich die mühsame Fleißarbeit durch Verteilen auf viele Schultern, dann geht es recht zügig voran.

Wenn Sie nach dieser Systematik eine reale Degressionsliste aller Lagerteile mit Stückzahlen, Einzelwert und Gesamtwert erstellt haben, wird sie mit zusätzlichen Daten ergänzt. Es wird erfasst, wie oft sich die Teile bewegen bzw. wann überhaupt das letzte Mal eine Bewegung stattgefunden hat. Nur auf dieser Grundlage können Sie sachkundig und wertschöpfend entscheiden, welche Teile, Modelle oder Typen umgehend verschrottet werden können, weil sie beispielsweise gar nicht mehr im Programm sind oder sie in ihrem Zustand nicht mehr zum Verkauf geeignet sind. Außerdem legen Sie verbindlich Mindest- und Maximallagerbestände fest. Der Einkauf wird danach unter Umständen einige Zeit keine Bestellungen mehr auslösen, weil zu viel vorrätig ist. Sollte eine entsprechende betriebswirtschaftliche Auswertung eine Abwertung zur Folge

haben, setzen Sie diese unmittelbar anschließend in einem höchstwahrscheinlich schmerzhaften Schritt durch. Durch Verschrottung frei wer-
dende Flächen sollten sofort gesäubert und verschlossen werden. Den
Schlüssel verwahren Sie an einem gesicherten Ort. Die vakanten Flächen
werden verkauft, vermietet oder neu genutzt, beispielsweise als Produk-
tionsfläche. Sie haben nun in allen Belangen eine reale Bilanz und damit
eine saubere Startposition für die Zukunft.

> Lagerbestände sind totes Kapital und Lagerflächen deshalb sehr teuer. Hier
> lassen sich leicht Kosten einsparen. Schauen Sie genau hin und trennen Sie
> sich erbarmungslos von allem, was sich nicht nachweislich in den vergange-
> nen drei bis sechs Monaten bewegt hat bzw. genutzt wurde. Durch Dezimie-
> ren der Lagerbestände zwischen 20 und 40 Prozent konnten wir in verschie-
> denen Unternehmen Liquidität in Millionenhöhe schaffen.

Mit den geschilderten Maßnahmen, die sehr schnell und klar durchgeführt werden müssen, senden Sie ein deutliche Signal an alle Mitarbeiter:
Die undurchsichtigen Zeiten vorbei sind. Verstecken und mal schnell
beiseitelegen, ist nicht mehr möglich. Es wird klar, dass Probleme nicht
weggeräumt oder an irgendeinem Ort abgelegt, sondern gelöst werden.
Setzen Sie ein Zeichen für Kostenbewusstsein und Ordnung am Arbeitsplatz. Machen Sie deutlich, dass die Methode des „Auf-Sicherheit-und-
Vorrat-Produzierens" der Vergangenheit angehört. Gegenwart und Zukunft stehen im Zeichen einer absolut auftragsbezogenen, schnellen und
termintreuen Fertigung. Lesen Sie hierzu auch über Bringschuld im Kapitel 10 „Lieferzeit und Liefertreue".

8.3 Beispiel aus der Praxis

Eine Begegnung der dritten Art

Nachdem mein Partner Alexander Leis und ich die tschechische Versuchsgießerei erworben hatten, starteten wir unverzüglich mit der Ist-
Aufnahme. An unserem zweiten Arbeitstag vor Ort begannen wir, das

Werk im wahrsten Sinne des Wortes in Besitz zu nehmen. Dazu gehörte zuerst das Begehen des kompletten Geländes vom Werkstor bis zu den äußersten Grundstücksgrenzen, vom Keller bis zum Dachboden, wir inspizierten jeden Winkel. Die Tour dauerte rund drei Tage. Auf dem Rundgang mit dem Werksleiter und einem Arbeitnehmervertreter ging es darum zu sehen, wie groß das Firmengelände ist, was alles dazugehört, in welchem Zustand es ist, welche Schmutzecken es gibt, wo die geheimen Treffpunkte sind, wo Alkohol gelagert ist und wo nicht erfasster Ausschuss gesammelt wird. Wir fragten an allen unklaren Stellen nach und veranlassten dann den Beginn von Aktionen zur Veränderung und Verbesserung. Die Belegschaft registrierte, dass da jetzt jemand ist, der sich interessiert und zuständig fühlt, der nicht nur mit drei Sekretärinnen hinter verschlossener Tür zwischen seinen Mahagonimöbeln sitzt, sondern aktiv am Tagesgeschehen im Werk teilnimmt und den Lauf der Dinge überwacht. Das wird positiv empfunden, weil der Chef für Probleme ansprechbar ist, aber auch als gefährlich, weil ihm kein Schlendrian entgeht. Wir sahen auffällige Mitarbeiter, Arbeitsplätze, die mit unzähligen Pin-up-Fotos an eine Striptease-Bar erinnerten, und herumstehende Bierkästen. Wir traten sofort an die betreffenden Leute heran und haben klar kommuniziert, dass dies ab sofort eine ordentliche Gießerei mit moralischen und ethischen Regeln sowie Arbeitsgesetzen ist und alle nicht dazu gehörenden bzw. passenden Dinge bis zum nächsten Morgen wegzuräumen sind. Mit widersprechenden Rädelsführern kam es zu teilweise halbstündigen Diskussionen, dann war geklärt, wer der Chef ist: Das ist immer der Unternehmer, das sind Sie und es ist Ihr Haus.

> Eine Begehung des Werkes ist kein Spaziergang, sondern eine Erkundungstour und eine Vorstellungsrunde für alle Mitarbeiter. Nehmen Sie sich viel Zeit dafür! Es ist Ihr Unternehmen, welches Sie inspizieren. Sie haben etwas erworben. Das ist ein Lustgewinn. Alles, was Sie sehen, gehört Ihnen. Die Menschen, die Sie kennenlernen, sind Teil Ihres künftigen Unternehmenserfolgs.

Bei Vorkommnissen, die sich nicht an konkreten Personen festmachen ließen, forderten wir vom Werksleiter eine Klärung bis zum folgenden Tag. Es gab immer wieder Situationen, in denen wir bemerkten, wie der

Adrenalinspiegel des Werkleiter anstieg, er Fragen auswich oder versuchte, die Bedeutung abzuwiegeln. Als wir dann irgendwann an einer Wellblechhütte vorbeikamen und fragten, was sich denn darin befände, antwortete er, das wisse er nicht. Ich forderte ihn auf, die Tür aufzusperren, und prompt erhielt ich zur Antwort, dafür gäbe es keinen Schlüssel. In ruhigem Ton teilte ich ihm mit, er möge uns doch bis zum nächsten Morgen Zugang verschaffen, anderenfalls würden wir die Tür aufbrechen. Ich sah, wie das Gesicht des Werksleiters stetig zwischen weiß und rot wechselte und mir war klar: Dort ist etwas Besonderes verborgen.

Am nächsten Morgen gingen wir selbstverständlich direkt wieder zu dem Verschlag und trafen auf einen wütenden Werksleiter ohne Schlüssel, der versuchte, uns davon zu überzeugen, dass es nicht so wichtig sei diesen Schuppen zu inspizieren, er würde sich darum kümmern, dass er verschwände. Ohne weitere Diskussionen besorgten wir uns eine Eisenstange und sprengten das Schloss. Die Tür flog auf und wir trauten unseren Augen nicht. Vor uns standen ca. 50 betende Madonnen: Eine surreale Szenerie, deren Anblick sich unauslöschlich in unser Gedächtnis brannte. Die brusthohen aus Bronze gegossenen Figuren waren das Resultat monatelanger Misswirtschaft. Die Gießer hatten vorhandene Legierungen und illegal erstandenes Material zu lukrativ absetzbaren Andachtsfiguren verarbeitet. Nach unserer Entdeckung des Vorratslagers für die besonders wertvollen Schwarzarbeiten flirrte die Atmosphäre. Ich kämpfte innerlich heftig gegen die Komik der Situation und hatte äußerlich Mühe die Fassung zu wahren. Mit hochgezogenen Augenbrauen kommentierte ich den entlarvenden Fund lediglich mit einem vieldeutigen „Aha" und begann unverzüglich damit, die Madonnenfiguren an Kirchen und andere öffentliche Einrichtungen zu verschenken. Die Blechbaracke war binnen drei Tagen verschwunden und der gesamten Mannschaft war klar: Jetzt beginnt eine neue Ära in dieser Firma. Hier wird nur noch produziert, was offiziell bestellt ist, gelagert wird an dafür ausgewiesenen Stellen, und: Der Chef sieht alles, er ist täglich in der Produktion, zum Kontrollieren, aber auch zum Zuhören.

🗣️   *Etablieren Sie einen Betriebsrundgang als tägliches Ritual, um einen realistischen Eindruck zu gewinnen. Wenn ein Unternehmen über Jahre Verluste schreibt, bedeutet das: Einige Mitarbeiter sind mit dem, was sie tun, überfordert, andere sind unterfordert. Im Laufe von Wochen und Monaten lernen Sie viele verschiedene Mitarbeiter näher kennen und können das Potenzial jedes Einzelnen besser einschätzen. Sie werden dadurch nicht nur zielgerichtet Maßnahmen anordnen, sondern auch Veränderungen durchsetzen können.*

8.4 Beispieldokument aus der Praxis Inventur der Lagerteile

	Monat								
	1	2	3	4	5	6	7	8	9
1. Montage/montaž	22.420.892,01	22.799.242,70	20.900.914,19	24.731.007,64	23.140.778,59	22.640.481,97	24.055.791,87	27.441.664,40	17.603.418,29
2. Lackiererei/ lakovna	3.611.317,84	3.589.017,44	3.479.398,25	2.485.477,58	3.761.152,49	2.572.344,00	2.984.247,05	3.135.661,95	2.428.522,72
3. Schweißerei/svařovna	18.384.234,33	17.881.192,52	15.828.426,79	18.436.700,77	20.972.587,72	24.188.450,12	27.392.556,69	23.364.691,55	21.923.355,25
4. Cerbru	1.312.367,44	1.241.250,82	1.205.944,60	979.933,00	886.220,07	951.145,14	931.890,77	929.176,25	943.970,87
5. Füllstation/plnička	6.830.271,67	7.303.452,41	8.312.412,17	6.803.792,19	7.752.464,31	6.402.374,41	8.214.537,03	9.320.312,36	8.393.788,98
6. Füllstation-Eingang/plnička-vstup	0,00	0,00	0,00	0,00	0,00	0,00	0,00	0,00	0,00
7. Lieferantenlager	256.546,80	201.135,48	234.872,84	97.300,40	236.318,96	353.288,36	135.574,70	157.574,70	33.147,20
8. Lieferantenlager Konvement	14.192,50	113.540,00	198.480,63	52.884,96	52.884,96	109.593,71	451.758,11	393.049,36	303.194,37
9. Lieferantenlager AVIA	892.734,00	738.357,00	781.098,88	349.305,00	503.250,00	568.183,00	717.507,00	835.402,00	735.662,00
10. Lieferantenlager B-Luft	162.249,01	454.307,15	606.562,87	468.335,56	396.115,75	466.681,96	343.498,00	126.892,80	1.401.221,20
11. Lieferantenlager Prems	1.190.259,02	1.771.414,18	1.531.506,41	1.973.880,90	813.015,34	736.315,89	234.741,19	394.880,43	1.738.338,48
12. Lieferantenlager Vstup	0,00	0,00	0,00	0,00	0,00	0,00	0,00	0,00	0,00
13. Lieferantenlager Einbau	0,00	0,00	0,00	0,00	0,00	0,00	0,00	0,00	0,00
14. Lieferantenlager-Eingang	0,00	0,00	0,00	0,00	0,00	0,00	0,00	0,00	0,00
15. Lager Konstruktion	223.512,20	214.184,04	239.980,76	247.645,29	208.927,29	206.837,69	195.274,12	196.036,41	190.065,61
16. Lager Reklamation	98.858,49	345.111,11	193.534,16	122.716,55	297.401,45	221.812,37	256.906,20	308.443,83	270.236,44
17. Sonderlager Polen	0,00	0,00	0,00	0,00	0,00	0,00	0,00	0,00	0,00
18. Depot	0,00	0,00	0,00	0,00	0,00	0,00	0,00	0,00	0,00
19. MÜK UP	0,00	0,00	0,00	0,00	0,00	0,00	0,00	0,00	0,00
20. Lager NCR/SNI	0,00	0,00	0,00	0,00	0,00	0,00	0,00	0,00	0,00
21. Lager Produktionshilfsmittel	0,00	0,00	0,00	0,00	0,00	0,00	0,00	0,00	0,00
22. Part - 640	1.112.518,40	870.329,50	834.877,35	983.717,32	1.347.260,77	1.396.385,97	1.241.261,05	1.353.124,95	1.279.638,95
23. NCM	0,00	0,00	0,00	0,00	0,00	0,00	0,00	0,00	0,00
Summe	56.510.453,71	57.521.499,35	54.348.009,90	57.730.697,16	60.368.377,70	60.815.894,59	67.177.543,78	67.977.910,99	57.244.109,36
Unfertige Produkte	8.067.618,00	8.403.375,00	8.712.190,00	8.474.604,00	7.501.155,00	12.905.563,00	10.425.793,00	10.068.292,00	8.983.425,00
24. Part - 640	980.616,00	1.153.950,00	1.141.510,00	1.203.780,00	1.395.710,00	611.250,00	636.900,00	554.350,00	508.700,00
25. BODE	7.087.002,00	7.249.425,00	7.570.680,00	7.270.824,00	6.105.445,00	12.294.113,00	9.788.893,00	9.513.942,00	8.474.725,00
Fertigprodukte St	1.435	1.261	1.024	1.192	1.734	1.092	1.219	1.641	1.680

Kapitel 9 Standardisierung und Einführung von Baugruppen

„Perfektion ist nicht dann erreicht,
wenn man nichts mehr hinzufügen,
sondern wenn man nichts mehr weglassen kann."

[Antoine de Saint-Exupéry, frz. Schriftsteller]

9.1 Begriffsklärung

Als Standard wird im Allgemeinen eine Regel oder Norm bezeichnet, die weithin anerkannt ist bzw. sich gegenüber anderen durchgesetzt hat. Laut Definitionen des British Standards Institute ist ein Standard ein öffentlich zugängliches technisches Dokument, das unter Beteiligung aller interessierten Parteien entwickelt wurde und deren Zustimmung gefunden hat. Der Standard beruht auf wissenschaftlich-technischen Erkenntnissen und zielt auf die Förderung des Gemeinwohls.

Eine Baugruppe ist eine standardisierte Komponente einer Anlage oder eines Systems, ohne die das gesamte System gar nicht oder nur eingeschränkt funktioniert. Baugruppen erhöhen die Übersichtlichkeit und erleichtern die Fehlerbehebung in komplexen Anlagen.

9.2 Vorgehensweise

Ausgangspunkt dieser Betrachtung ist die Frage nach Sinn und Zweck sowie konstruktiven Notwendigkeiten eines Produktes. Nehmen Sie sich genügend Zeit, hier schlummern enorme Einsparungspotenziale. Zudem muss das Denken in Baugruppen bzw. standardisierten Teilen erst erlernt und verinnerlicht werden. Bedenken Sie: Mit der Umsetzung dieses Kapitels liefern Sie entscheidende Impulse für die Zukunft von Konstruktion und Einkauf. Ziel der Aktion ist der Einsatz möglichst vieler gleicher Teile, Werkstoffe bzw. Hilfs- oder Basisteile wie Schrauben, Grundplatten etc. für verschiedene Produkttypen. Das Resultat korrespondiert dann mit einer geringeren Fehlerquote, kürzeren Lieferzeiten, verminderten Lagerbeständen etc. Die einzelnen Tools bzw. Kapitel verbinden sich miteinander und verändern das komplette Unternehmen.

> Mit der Umsetzung dieses Kapitels liefern Sie entscheidende Impulse für die Zukunft von Konstruktion und Einkauf. Ziel der Aktion ist der Einsatz möglichst vieler gleicher Teile, Werkstoffe bzw. Hilfs- oder Basisteile wie Schrauben, Grundplatten etc. für die verschiedensten Produkttypen.

Am Anfang stehen Sie vor einem Knäuel von Fragen und einer Unzahl von Parametern, aber es ist nicht so schwer, wie es scheint, das Ganze zu einer Lösung zu führen. Sie müssen das Thema lediglich mit System und Ruhe abarbeiten. Ziehen Sie keine voreiligen Schlüsse und vermeiden Sie Entscheidungen während des laufenden Prozesses. Das Arbeiten mit Degressionslisten und der darauf aufbauenden Pareto-Analyse ist für Sie inzwischen Routine und auch in diesem Fall zielführend. Sortieren Sie die Produkte oder Produktgruppen des Unternehmens entsprechend ihrer Umsatzgröße. Mit hoher Wahrscheinlichkeit stellt sich hier zum wiederholten Mal nach Ist-Analyse und Blaupause oder vielleicht auch erstmalig die Frage, warum verlustreiche Kleinstserien weiter im Programm bleiben sollen. Das weit verbreitete Argument, der Kunde würde die umsatzstarken und gewinnträchtigen Produkte nur weiter bei Ihnen kaufen, wenn auch die Produkte der Minigruppe im Angebot blieben, empfehle ich, gewissenhaft zu prüfen. Sollte es tatsächlich stimmen, kaufen

Sie diese Produkte zu oder bauen Sie einen Lieferanten dafür auf. In den meisten Fällen werden Sie auf die vielen kleinen und unrentablen Produktgruppen, eventuell sogar auf ganze Geschäftsfelder, verzichten können bzw. aufgrund der Verluste verzichten müssen. Die Maßnahme wird zur Verbesserung des Betriebsergebnisses führen und zudem reichlich Kapazitäten für Neues und Sinnvolles freisetzen.

Der zweite Schritt des Standardisierungsprozesses ist die nach Umsatz absteigende Auflistung der Typen bzw. Varianten innerhalb einer Produktgruppe. Es folgt die Pareto-Frage: Können Sie die Kundenwünsche bezüglich der letzten 80 Prozent der Typen nicht auch durch die Typen der ersten 20 Prozent nach Umsätzen bedienen? Durchleuchten Sie alle Produkte inklusive aller Varianten und markieren Sie betriebwirtschaftlich uninteressante Größen. Überzeugen Sie Ihre Kunden vom Kauf der gängigen Varianten, gegebenenfalls sogar durch einen Preisnachlass. Die verbleibenden Produkte und Varianten analysieren Sie weiter mit Hilfe von Stück- und Lieferantenlisten. Achten Sie dabei besonders auf die Kleinteile wie Schrauben, Schalter, Griffe etc. Vereinheitlichen Sie wieder so weit wie irgend möglich. Durch Reduzieren der Vielfalt verwendeter Teile und der Zahl der Lieferanten mindern Sie vermutlich den Umsatz geringfügig, aber vor allem senken Sie Kosten und Fehlerquellen.

Nach Abschluss der Produkt- und Variantenanalyse untersuchen Sie die Arbeitsmittel. Klären Sie gegebenenfalls, warum Sie 100 Werkstoffe im Programm haben, obwohl 20 davon fast alle Anforderungen der Kunden erfüllen. Die Vielfalt entsteht meist durch unklare Handlungsanweisungen für Vertrieb, Konstruktion und Einkauf. Bei Neuentwicklungen wird selten auf Verfahren, Teile oder Werkstoffe zurückgegriffen, die bereits vorhanden sind. Erweiterungen und Veränderungen erfolgen oft automatisch und willkürlich. Tragen Sie Sorge dafür, dass Änderungen und Neues zukünftig von übergeordneten Positionen erst nach einer Wirtschaftlichkeitsberechnung freigegeben werden.

Am Ende des Prozesses werden Sie die Zahl der Produkte, Typen, Werkstoffe und Lieferanten schätzungsweise um über 50 Prozent verringert haben. Obwohl Sie eventuell den bisherigen Umsatz reduzieren, wird das Betriebsergebnis unverändert oder mit hoher Wahrscheinlichkeit sogar besser sein. Für die Zukunft haben Sie Kapazität für Umsatzsteigerungen mit den verbliebenen Produkten geschaffen und für die Entwicklung weiterer Angebote den Grundstein gelegt. Lassen Sie sich hierzu am Ende des Buches im Kapitel 12 »Innovationen« inspirieren. Ziehen Sie auch in Erwägung, dass die Erfüllung weiterer Kundenwünsche im Dienstleistungsbereich rund um Ihre Produkte stattfinden kann.

Eine Begleiterscheinung der Standardisierungsaktion ist, dass die Mitarbeiter lernen, nicht verschwenderisch und sich verzettelnd zu arbeiten, sondern professionell strukturiert zu entwickeln, zu konstruieren und einzukaufen. Entwerfen Sie als Chef dafür Richtlinien und entsprechende Verfahrensanweisungen.

Das Umsetzen dieses Kapitels bringt das Unternehmen bezüglich Kosten, Qualität, Lieferzeit und Liefertreue weit nach vorn. Sie führen beim Thema Standardisierung und Baugruppen zwangsläufig intensive Gespräche mit Ihren Kunden und Lieferanten. Beide werden sicherlich mit Interesse verfolgen, was in Ihrem Hause passiert. Um die Intensität der Beziehung zu Ihren Kunden und Zulieferern zu verstärken bzw. langfristiger zu gestalten, könnten Sie und einige Ihrer Mitarbeiter bei der Umsetzung von Standardisierungsmaßnahmen bei Geschäftspartnern mitwirken. Das wäre die »Krönung« der Unternehmensoptimierung sowie der wechselseitigen Beziehungen Ihres Unternehmens zu Lieferanten und Kunden.

> Durch die Standardisierungsaktion lernen die Mitarbeiter, strukturiert zu entwickeln, zu konstruieren und einzukaufen. Entwerfen Sie als Chef dafür Richtlinien und entsprechende Verfahrensanweisungen.

Um die Wichtigkeit und Machbarkeit nochmals zu verdeutlichen, möchte ich auf zwei aktuelle Beispiele aus Großkonzernen verweisen. Vorstandsmitglied Barbara Kux von Siemens verkündete unlängst, das Unternehmen werde sich bis Ende 2009 von 20 Prozent der Lieferanten trennen, und Ferdinand Piëch rühmte sich damit, dass VW konzernweit nur noch einen einzigen Kühlerdeckel montieren würde und damit viel

Geld spare. Er verglich diese Vorgehensweise mit dem in die roten Zahlen gerutschten Konkurrenten Toyota, der zwölf verschiedene einsetze.

9.3 Beispiel aus der Praxis

Weniger ist mehr

Kurze Zeit, nachdem die Rheinhütte 1989 von der Friedrichsfeld AG gekauft worden war, begab sich deren Vorstandvorsitzender Professor Friedrich Reutner im Zuge seiner Ist-Aufnahmen auf einen ausführlichen Werksrundgang. Er wollte alles genau kennenlernen, um die richtigen Rückschlüsse ziehen zu können. Ich selbst marschierte in seiner Begleitmannschaft und war beeindruckt von Neugier, Präsens und Wissen dieses Mannes, der meine weitere berufliche Entwicklung entscheidend beeinflussen sollte. Als wir im Herzen des Unternehmens, der Gießerei, ankamen, begannen unsere Führungskräfte, ihm von der Qualität der Anlagen, Öfen und Kräne vorzuschwärmen. Sie lobten die Produktivität und Produktbreite in den höchsten Tönen. Der Professor hörte still zu und folgte seinen ortskundigen Führern in die Modellschreinerei. Diese Abteilung war ein kleines Heiligtum, denn ohne gute Modelle gelingt kein Gusserzeugnis. Die Atmosphäre war konträr zur Gießerei. Es roch angenehm nach Holz, alles war sauber und aufgeräumt, die dort arbeitenden Experten fühlten sich als kleine Künstler. Als wir an einem von den Schreinern meisterlich selbst gebauten riesigen Holzkasten vorbeikamen, der aussah wie ein überdimensionierter Sarg, fragte der Professor, was denn das sei. Voller Stolz öffnete daraufhin der Betriebsleiter den Deckel des Schmuckstückes der Schreinerkunst und zum Vorschein kamen einige Tausend, ordentlich sortierte, farblich abgestufte und mit Reitern versehene Modellkarten. Professor Reutner hörte sich geduldig an, dass es zu jeder dieser Karten ein Modell gäbe, schaute etwas irritiert in die Runde und fasste fragend zusammen: Das heißt, in dieser Gießerei werden mehr als 5.000 verschiedene Produkte gefertigt? Die Antwort lautete: Theoretisch ja. Der Professor wünschte daraufhin das zu den Modellkarten gehörige Lager zu sehen. Der Tross marschierte in ein ca.

70 Meter langes und 20 Meter breites Gebäude mit drei Stockwerken, die alle vollgestellt waren mit Modellen. Der Großteil sowohl des Lagers als auch der Holzmodelle befand sich in einem äußerst schlechten Zustand. Erfahren wie er war, rekapitulierte der Professor sofort: Das kann nicht alles sein, und fragte freundlich: Sie haben doch sicher auch noch ein Außenlager. Es stellte sich heraus, fünf Kilometer entfernt gab es tatsächlich ein weiteres Lager in ähnlicher Größe und zwei Mitarbeiter taten nichts anderes, als Modelle zwischen Werk und Außenlager hin und her zu transportieren.

Theorie taugt nicht zur Motivation von Mitarbeitern. Allein das Erlebnis in der Praxis garantiert eine Veränderung in den Köpfen und führt zu verbessertem Handeln.

Die Modelle waren nach Kunden und alphabetisch sortiert, nicht etwa degressiv nach Wichtigkeit. Das bedeutete, Modelle, die häufig gebraucht wurden, lagen zum Teil im Außenlager und unwichtige im Lager auf dem Werksgelände. Ein seriöser Überblick war unmöglich. Der Professor beauftragte daraufhin den zuständigen Bereichsleiter mit der Anfertigung von Degressionslisten der Modelle, zum einen absteigend nach erzielten Umsätzen pro Jahr und zum anderen absteigend nach Bewegung der Modelle innerhalb der letzten zwölf Monate. Uns allen war klar, diese zwei Lager und Tausende Modelle waren defizitär, aber einen Lösungsansatz für das Problem sahen wir nicht. Wir hatten noch nie mit Degressionslisten gearbeitet und waren gespannt, was der Professor damit bezweckte. Das Ergebnis überraschte und war nach Auswertung mittels Pareto-Analyse niederschmetternd. Mehr als 80 Prozent der Modelle generierten kaum Umsatz und waren lange nicht bewegt worden. Die ca. 20 Prozent wertschöpfenden Modelle standen teilweise im Außenlager und wurden mehrmals wöchentlich mit einem Kleinbus hin und her transportiert. Jeder Laie konnte sofort erkennen: Hier war eine beachtliche Verlustquelle entdeckt worden. Zudem war der Unterhalt der zwei Läger und des Pendelverkehrs äußerst kostenintensiv und im gleichen Maße ineffizient.

Ähnliches ereignete sich bei der Begehung des Labors. Als der Leiter stolz erklärte, dass sie etwa 130 verschiedene Werkstoffe im Programm hatten, beauftragte der Professor wieder eine Degressionsliste und alle staunten ungläubig über das Ergebnis. Mit weniger als 20 Prozent der Werkstoffe wurden 80 Prozent des Umsatzes generiert, mit den restlichen etwa 100 Werkstoffen weniger als 20 Prozent des Umsatzes.

Im Auftrag von Professor Reutner übernahm ich später als Geschäftsführer die Sanierung des Unternehmens. Innerhalb von zwei Jahren gelang die Rückkehr in die Gewinnzone. Wir arbeiteten aktiv noch mit maximal 1.000 Modellen. Sie ließen sich effizient verwalten, waren in einem Top-Zustand und leisteten damit auch noch ihren Beitrag zur Senkung der Ausschussquote. Ein feucht gelagertes Modell mit abgeplatzten Nähten verdirbt nicht nur dem Former die Lust an der Arbeit, es ist prädestiniert für mangelhafte Qualität. Das Außenlager konnte eingespart werden. Im Labor lief der Betrieb mit nur noch 30 Werkstoffen perfekter und zügiger als je zuvor. Unschätzbar war zudem die positive Wirkung auf die Belegschaft. Sie registrierte: Hier wird ausgemistet, verändert und bewegt. Der anfänglichen Starre folgte eine Welle der Begeisterung für den Neuanfang. Es zeigte sich einmal mehr: Theorie taugt nichts zur Motivation von Mitarbeitern. Allein das Erlebnis in der Praxis garantiert eine Veränderung in den Köpfen und führt zu verbessertem Handeln.

Im Zuge von Standardisierungsprozessen ist es zudem sinnvoll zu prüfen, wo die Einführung von Baugruppen möglich ist. Sie kennen das Thema aus der Autoindustrie. Ich sah mich erstmalig in Bezug auf Tresore für Geldautomaten damit konfrontiert. Was kompliziert klang, erwies sich in der Praxis als wenig schwierig und enorm kostensenkend. Die Ausgangssituation war Folgende: Wir benötigten ein Behältnis, in dem eine Summe Geld deponiert werden soll. Es musste die Anforderungen der VdS erfüllen und deren Tests bestehen. Alles andere war Ermessenssache bzw. mit den Kunden zu erörtern. Da wir nur für fünf verschiedene Sicherheitsstufen Tresore lieferten, erschien die vorhandene große Vielfalt äußerst fragwürdig. Nach gründlicher Analyse mittels der bewährten Kombination aus Degressionsliste und Pareto stellten wir fest, dass 165 Tresortypen zur Produktionspalette der Firma gehörten, wir aber mit nur neun Typen 50 Prozent des Umsatzes erwirtschafteten und mit 21 Typen weitere 80 Prozent des verbleibenden Geschäftes tätigten. Das heißt: Wir offerierten weit über 100 Tresortypen, die kaum Umsatz generierten. Demgegenüber steht der Fakt: Alles, was im Sortiment geführt wird, belastet die Organisation physisch und psychisch.

Allein durch die Standardisierung der Maße erreichen wir eine Halbierung der Typenvielfalt mit Folgeeinsparungen bei Zulieferteilen in erheblichem Ausmaß sowie eine Kostenminimierung bei Maschineneinrichtungszeiten in ebenfalls nennenswertem Umfang.

Bedenken Sie: Alles, was im Sortiment geführt wird, belastet die Organisation physisch und psychisch.

Wir begannen die Standardisierung mit dem Einfachsten und nahmen die Maße der verschiedenen Tresore. Das Ergebnis war verblüffend. Viele Tresortypen unterschieden sich allein durch ein bis zwei Zentimeter Abweichung in der Breite, Tiefe oder Höhe. Das entbehrte jeder technischen Notwendigkeit und entsprach nicht unbedingt den Wünschen der Kunden. Im Gegenteil, auch bei diesen führte die Vielfalt unserer Tresorabmessungen zu sinnlosem Folgeaufwand. Mit dieser Erkenntnis erschütterten wir vor allem das System der Ingenieurarbeit. Jeder Ingenieur oder Konstrukteur war es gewohnt, allein auf Grundlage der VdS-Anforderungen bzw. Kundenanfragen zu entwickeln. Ein Abgleich mit vorhandenen Typen bzw. Bauteilen fand bis dato nicht statt.

Allein durch die Standardisierung der Maße erreichen wir eine Halbierung der Typenvielfalt mit Folgeeinsparungen bei Zulieferteilen in erheblichem Ausmaß und eine Kostenminimierung bei Maschineneinrichtungszeiten in ebenfalls nennenswertem Umfang. Durch minimale Veränderungen von Länge, Höhe, Breite oder Materialstärke erzielten wir nicht nur eine deutliche Reduzierung der Typen, sondern beseitigten zudem Fehlerquellen und senkten Verwaltungskosten. Die Forderungen des Kunden blieben unberührt und wurden weiterhin erfüllt.

🖐 *Nehmen Sie sich ab und an Zeit zum stillen Betrachten des Alltagsgeschehens in Ihrem Unternehmen. Suchen Sie sich einen Platz, von dem aus Sie einen guten Überblick haben, und beobachten das Treiben. Sie werden überrascht sein über die Veränderungen der sichtbaren Aktivität im Verlaufe des Optimierungsprozesses. Ich erlebte am Anfang immer viel Gewusel und hektische Geschäftigkeit, bei schlechter Wirtschaftslage. Nach Erreichen der Gewinnzone herrschte eine geradezu unheimliche Stille. Man hätte denken können, die Firma schläft, aber es waren einfach nur alle konzentriert bei der Arbeit.*

9.4 Beispieldokumente aus der Praxis

ATM Safes

Prod Nr.	Kunde	Mat.-Nr.	Benennung	Institut	Zulassung	Preis €	Stückzahlen	Umsatz €	% Umsatz
35388	WN	17500 10 4 31	ProCash 400	VdS	Grad III	2 383	7	16 681	0,089
37465	WN	17500.28.0.72	ProCash 2100 Rear	VdS	Grad III	2 388	7	16 716	0,089
38330	WN	17500 34 8 77	ProCash 2150	UL	Level 1	1 477	12	17 724	0,094
39028	WN	17500 20 3 36	ProCash 2150/450 C	VdS	Grad III	1 896	10	18 960	0,101
37612	WN	17500 25 8 54	ProCash 2100 Front	UL	Level 1	1 000	21	21 000	0,112
38072	WN	17500 34 3 73	PCC 4K	UL	Level 1	864	26	22 464	0,120
38666	CTS	0900 309	ST 2000 Bi-function	UL	Level 1	1 213	19	23 047	0,123
39076	WN	17500 42 0 35	ProCash 3100 (CRS)	LGAI	Grade IV	2 640	11	29 040	0,155
33629	WN	CS071 00 0 23	CDM	UL	Level 1	625	50	31 250	0,167
38580	WN	17500 35 9 18	ProCash 2150	UL	Level 1	1 106	29	32 074	0,171
37880	WN	17500 30 1 35	ProCash 2000 FL RL	UL	Level 1	935	35	32 725	0,174
38360	WN	17500 35 2 12	ProCash BBA-UT	UL	Level 1	1 458	24	34 992	0,187
37793	WN	17500 19 5 30	ProCash 2100 Front	UL	Level 1	844	42	35 448	0,189
38293	WN	17500.34.8.74	ProCash 2050	UL	Level 1	1 452	25	36 300	0,194
37085	WN	17500 19 4 31	ProCash CRS	UL	ohne	1 423	29	41 267	0,220
37931	WN	17500 27 9 64	ProCash 2050	UL	ohne	1 347	34	45 798	0,244
37560	WN	17500 15 5 20	CSC 450 Compact	UL	ohne	1 122	43	48 246	0,257
39022	WN	17500 10 9 57	ProCash 2150/450 C	VdS	Grad III	2 388	21	50 148	0,267
36524	WN	17500 16 0 17	CSC 450 Compact	UL	Level 1	1 025	51	52 275	0,279
39072	WN	17500 41 4 74	ProCash 3100 (CRS)	VdS	Grad IV	2 640	21	55 440	0,296
38105	WN	17500.34.5.94	ProCash 2050	UL	Level 1	864	66	57 024	0,304
35344	WN	CS053 01 1 23	ProCash BBA	UL	Level 1	997	60	59 820	0,319
36931	WN	17500 22 6 66	ProCash BBA RL	UL	Level 1	1 117	55	61 435	0,327
37935	WN	17500.25.8.53	ProCash 2100 Rear	UL	Level 1	1 000	62	62 000	0,331
38007	WN	17500 28 0 41	ProCash 2050	LGAI	Grade IV	2 405	29	69 745	0,372
37105	WN	17500 13 1 34	ProCash CRS	UL	Level 1	1 076	67	72 092	0,384
38294	WN	17500.34.8.75	ProCash 2050	UL	Level 1	1 372	54	74 088	0,395
37070	WN	17500.21.1.51	ProCash 2100 Rear	UL	Level 1	844	88	74 272	0,396
36423	NCR	44506 23370	5875 Rear	FuP	RAL Ge II	3 367	25	84 175	0,449
37449	WN	17500 27 9 63	ProCash 2050	UL	Level 1	1 790	48	85 920	0,458
39032	WN	17500 28 2 94	ProCash 2150/450 C	VdS	Grad III	2 891	31	89 621	0,478
38292	WN	17500.34.8.76	ProCash 2050	UL	Level 1	1 081	85	91 885	0,490
36415	WN	17500 19 1 78	ProCash BBA	UL	ohne	1 250	75	93 750	0,500
37904	WN	17500 30 7 37	ProCash 2100 Rear	LGAI	CEN IV	1 940	50	97 000	0,517
36874	WN	17500 15 9 47	ProCash 400	LGAI	Grade IV	2 091	50	104 550	0,557
39029	WN	17500 21 4 25	ProCash 2150/450 C	VdS	Grad III	2 103	50	105 150	0,561
35528	NCR	44506 27361	5874 Front	FuP	RAL Ge II	3 446	31	106 826	0,569
39006	WN	17500 02 8 92	PCC 2K	UL	Level 1	844	128	108 032	0,576
37066	WN	17500.23.4.94	ProCash 2100 Rear	VdS	Grad III	1 866	60	111 960	0,597
36235	WN	CS053 00 1 23	ProCash BBA	VdS	Grad II	2 510	48	120 480	0,642
38049	WN	17500 32 4 16	ProCash 2000 FL	LGAI	Grade IV	2 377	56	133 112	0,710
37860	WN	17500 23 9 14	ProCash 2100 Front	LGAI	CEN IV	2 250	73	164 250	0,876
36202	WN	17500 13 1 91	ProCash BBA-UT	UL	Level 1	1 074	155	166 470	0,887
35789	NCR	44506 29970	5874 Rear	VdS	Grad III	2 707	62	167 834	0,895
36351	WN	17500 15 5 21	ProCash 400	UL	ohne	1 097	157	172 229	0,918
39034	WN	17500 25 8 59	ProCash 2150/450 C	CNPP	A2P A3	2 500	70	175 000	0,933
34957	WN	56134 00 8 09	ProCash 400	UL	Level 1	844	244	205 936	1,098
37499	WN	17500 27 2 42	ProCash 2000 FL	VdS	Grad III	1 790	152	272 080	1,450
37467	WN	17500.28.2.93	ProCash 2100 Rear	VdS	Grad III	2 891	105	303 555	1,618
37411	WN	17500 26 7 08	ProCash 2000 FL RL	UL	Level 1	815	452	368 380	1,964
37040	WN	17500 06 8 72	ProCash CRS	UL	Level 1	920	432	397 440	2,119
35526	NCR	44506 26021	5885 Rear	FuP	RAL Ge II	3 942	119	469 098	2,501
38430	WN	17500.35.4.92	ProCash 2000 RL	VdS	Grad IV	2 403	196	470 988	2,511
37100	WN	17500 10 2 45	ProCash BBA-UT	VdS	Grad III	2 855	165	471 075	2,511
35527	NCR	44506 26023	5884 Rear	FuP	RAL Ge II	3 269	149	487 081	2,596
37300	WN	17500 25 8 59	ProCash 2100 Rear	LGAI	CEN IV	2 250	236	531 000	2,831

39025	WN	17500 16 5 52	ProCash 2150/450 C	VdS	Grad III	1 896	302	572 592	3,052
37120	WN	17500 25 0 61	ProCash 2050	UL	Level 1	844	738	622 872	3,320
39020	WN	17500 01 2 02	ProCash 2150/450 C	VdS	Grad III	1 866	363	677 358	3,611
39073	WN	17500 41 4 75	ProCash 3100 (CRS)	VdS	Grad III	2 280	298	679 440	3,622
37502	WN	17500 26 1 76	ProCash 2000 RL	VdS	Grad III	1 790	396	708 840	3,779
35311	WN	17500 11 7 58	CSC 450 Compact	UL	Level 1	869	857	744 733	3,970
37328	WN	17500 26 7 35	ProCash 2050	VdS	Grad III	1 790	419	750 010	3,998
36020	WN	17500 15 9 25	PCC 4K	UL	Level 1	844	1043	880 292	4,693
36136	WN	17500 15 5 84	ProCash 2150/450 C	LGAi	Grade IV	2 250	473	1 064 250	5,673
35519	WN	56133 00 1 09	ProCash 400	VdS	Grad III	1 861	613	1 140 793	6,081
39031	WN	17500 26 5 91	ProCash 2150/450 C	VdS	Grad III	2 089	1563	3 265 107	17,405
							11764	18 759 428	

165 Typen

9 Typen   - 50 %

21 Typen   - 80 %

60 Typen   - 0 %

98 Kapitel 9 Standardisierung und Einführung von Baugruppen

Vstupy pro návrh a vývoj obvykle tvoří:

- požadavky na funkčnost a provedení
- zákonné požadavky a požadavky technických norem
- informace získané z předchozích návrhů

Oddělení vývoje provede přezkoumání požadavků z hlediska přiměřenosti. Neúplné, nejednoznačné či dokonce odporující si požadavky jsou společně se zákazníkem vyjasněny.

die Entwicklung eines neuen Produkts.

Die Einführungsangaben für den Entwurf und die Entwicklung liegen überwiegend vor als:

- Anforderungen an die Funktion und Ausführung
- Gesetzliche Anforderungen und Anforderungen der technischen Normen
- Die aus früheren Entwürfen erworbenen Informationen.

Die Entwicklungsabteilung bewertet die Anforderungen auf Angemessenheit. Unvollständige, nicht eindeutige oder sogar sich widersprechende Anforderungen werden mit dem Kunden geklärt.

7.3.3 Výstupy z návrhu a vývoje

V průběhu procesu vývoje a navrhování jsou požadavky obsažené ve vstupech realizovány do výstupní dokumentace, která obsahuje:

- specifikace materiálu
- výkresy
- kusovníky
- zkušební specifikace
- montážní a instalační návody
- návody na použití
- přejímací podmínky

Tato výstupní dokumentace musí být před uvolněním schválena. Kompletní průběh schvalování je popsán v postupu VA EW-001.

7.3.3 Entwicklungsergebnisse

Im Laufe der Phase Entwurf und Entwicklung werden die in den Einführungsangaben angeführten Anforderungen in die Outputdokumentation realisiert, die beinhaltet:

- Materialspezifikation
- Zeichnungen
- Stücklisten
- Kontrollspezifikationen
- Montage- und Installationseinleitungen
- Übernahmebedingungen

Diese Outputdokumentation muß vor der Freigabe genehmigt werden. Der komplette Ablauf der Genehmigung ist im Verfahren VA EW-001 beschrieben.

7.3.4 Přezkoumání návrhu a vývoje

V jednotlivých etapách v souladu s plánovanými činnostmi je prováděno a dokumentováno přezkoumání návrhu a vývoje. Toto přezkoumání organizačně zajišťuje vedoucí projektu (pověřen návrhem a vývojem daného produktu).

7.3.4 Entwicklungsbewertung

Die Überprüfung des Entwurfs und der Entwicklung wird gemäß der geplanten Tätigkeiten durchgeführt und dokumentiert. Diese Überprüfung wird organisatorisch durch den Projektleiter (der mit dem Entwurf und Entwicklung des jeweiligen Produkts beauftragt ist) gewährleistet.

---

7. Realizace produktu / Produktrealisierung

Kapitel 10 Lieferzeit und Liefertreue

„Die Zeiten ändern sich,
und wir uns mit ihnen.“

[Ovid, röm. Dichter]

10.1 Begriffsklärung

Liefern ist eine Dienstleistung. Wir sprechen deshalb von Lieferservice. Es geht dabei um eine organisierte Auslieferung von Produkten des eigenen oder eines fremden Unternehmens mit dem Ziel, Kundenanforderungen zu erfüllen.

Qualität und Beschaffenheit des Lieferservice lassen sich anhand der Kennzahlen Lieferzeit und Liefertreue ermitteln. Die Lieferzeit beschreibt die Zeit zwischen Übermittlung eines Auftrages vom Kunden zum Lieferanten und Ankunft der bestellten Ware beim Abnehmer. Die Liefertreue oder auch -zuverlässigkeit gibt Auskunft darüber, ob bzw. in welchem Maße zugesagte Liefertermine eingehalten werden. Neben der Übereinstimmung zwischen Kundenwunschtermin und realisiertem Liefertermin enthält die Liefertreue auch eine Aussage zur Leistungsfähigkeit eines Distributionssystems. Die Liefertreue zeigt an, mit welcher Wahrscheinlichkeit eine Bestellung bedient werden kann.

10.2 Vorgehensweise

Die Lieferzeit muss grundsätzlich für den Kunden akzeptabel sein. Erstrebenswert ist zudem eine Lieferzeit, die kürzer ist als die von Wettbewerbern. Um beides zu erreichen bzw. langfristig gewährleisten zu können, überprüfen Sie die relevanten Prozesse in Ihrem Unternehmen.

Die übergeordneten Fragestellungen für Verwaltung, Entwicklung und Produktion lauten: „Wie lange wird an einem Auftrag gearbeitet?" und: „Wie lange dauert der Versand?" Zu Ihren Zahlen können Sie ganz entspannt 10 bis 20 Prozent Sicherheit hinzurechnen. Sie werden erstaunt feststellen, dass die reale Lieferzeit ein Vielfaches der tatsächlichen Bearbeitungszeit ist. Diese Situation entsteht im Laufe der Zeit durch fehlendes Infragestellen gewöhnlicher Betriebsabläufe in der Alltagsroutine. Vermutlich sind viele Routineprozesse völlig undurchsichtig geworden. Zum Beispiel ergaben die addierten Bearbeitungszeiten aller Herstellungsschritte eines Tresors zwischen 80 und 100 Stunden, also vier Tage. Unsere Lieferzeit betrug aber drei Monate, also 90 Arbeitstage. Insofern war es keine utopische Vorstellung von mir zu verkünden, dass ich als Ziel im ersten Schritt eine Lieferzeit von vier Wochen bzw. 28 Tagen anstrebe. Bei dieser Rechnung vorausgesetzt ist eine Produktion im Schichtbetrieb. Die Produktionsmittel stehen rund um die Uhr zur Verfügung und die meisten Arbeitnehmer empfinden einen Wechsel zwischen Früh- und Spätschicht als angenehm.

Prüfen Sie stressfrei und völlig ohne Emotionen, wie der Auftrag bzw. das Produkt durch Ihr Unternehmen läuft und dazu die entsprechenden Bearbeitungszeiten. Unter Berücksichtigung der bestehenden Kapazitäten, Maschinen und Menschen legen Sie fest, wie viele Produkte Sie herstellen können. Auch hierbei sollten Sie nicht mit 100 Prozent Auslastung arbeiten, sondern zur Sicherheit nur 80 bis maximal 90 Prozent ausschöpfen. Diese Sicherheit für Zwischenfälle können Sie ruhigen Gewissens einbauen. Ihre Lieferzeit wird sich durch die Rationalisierung insgesamt so radikal reduzieren, dass Sie mit geringerer Kapazität mehr als zuvor produzieren werden. Auf dieser Grundlage können Sie Ihren Kunden die neue und stark verkürzte Lieferzeit zusagen.

Die reale Lieferzeit beträgt meist ein Vielfaches der tatsächlichen Bearbeitungszeit. Prüfen Sie deshalb stressfrei und völlig ohne Emotionen, wie der Auftrag bzw. das Produkt durch Ihr Unternehmen läuft und dazu die entsprechenden Durchlaufzeiten.

Bei einer der Firmensanierungen fand ich folgende Situation vor: Die Lieferzeiten lagen bei drei bis vier Monaten und wurden nur zu 60 Prozent eingehalten. Die Qualität war zudem so schlecht, dass der größte Kunde bereits die Kündigung des Liefervertrages vorbereitet hatte. Nach Einleitung der im Folgenden beschriebenen Maßnahmen erreichten wir binnen kurzer Frist eine Lieferzeit von vier Wochen und eine Liefertreue von über 80 Prozent. Nach zwei Jahren konnten wir eine Lieferzeit von einer Woche und eine Liefertreue von 99 Prozent aufweisen. Die Reklamationsquote lag bei weit unter einem Prozent. Ein weiterer Effekt der Umstrukturierung: Die Arbeitsabläufe waren völlig klar: Das ganze Werk arbeitete ruhig und entspannt.

Unmittelbar nach Auftragserteilung bzw. mit der spätestens nach 48 Stunden erteilten Auftragsbestätigung zergliedern Sie die Lieferzeit des zugesagten Termins in viele einzelne Liefertermine entsprechend den einzelnen Bereichen bzw. Bearbeitungsabschnitten im Unternehmen. Sie führen die Bringschuld mittels eines „Fabrik in der Fabrik"-Systems ein. Beachten Sie, dass die Materialbereitstellung im Haus perfekt funktioniert. Nach der Umsetzung von Kapitel 9 sollte dies kein Problem mehr darstellen. Falls Sie auftragsbezogene auswärtige Lieferanten haben, also beispielsweise ein externes technisches Büro oder eine Fremdteileherstellung oder -bearbeitung, zählen diese bereits als eigene, erste Liefertermine. Es ist von äußerster Wichtigkeit, dass Sie all Ihre Lieferanten und Zulieferer von Produktkomponenten in das Projekt zur Optimierung von Lieferzeit und Liefertreue einbeziehen.

Belegen Sie alle an der Erfüllung eines Auftrags beteiligten Bereiche Ihrer Firma mit einer internen Lieferfrist. Schweißerei, Lackiererei, Montage etc. und Versand erhalten eigene fixe Bearbeitungstermine. Der Liefertermin an den Kunden existiert nur noch virtuell. Jeder einzelne Bereich hat ab sofort seine eigenen Liefertermine. Sie erreichen damit, dass jedem einzelnen Mitarbeiter seine Verantwortlichkeit bewusst wird. Der Schweißer schweißt nicht mehr nur irgendein Gehäuse. Er schweißt jetzt das Gehäuse für den Kunden Rheinhütte und genau dieses muss heute um 16 Uhr von ihm bzw. seinem Bereich an die Lackiererei weitergegeben werden und zwar persönlich. Die Gehäuse werden nicht nach dem Schweißen auf irgendeine Palette gestellt, nach dem Motto: Die Lackierer werden sich schon kümmern. Nein, die Schweißerei muss die Gehäuse in der Lackiererei am dafür vorgesehenen Platz abliefern. Mit dem Produkt läuft eine Begleitkarte durch das ganze Unternehmen. Diese Karte ist Trägerin des „Fabrik in der Fabrik"-Systems und kann unter anderem ein Element für die Kanban-Fertigung sein.

Sie führen die persönliche Bringschuld ein, das heißt, Sie unterteilen Ihr Unternehmen in viele kleine Teilbereiche, initiieren eine »Fabrik in der Fabrik«. Der Liefertermin an den Kunden existiert nur noch virtuell. Jeder einzelne Bereich erhält seine eigenen Liefertermine. Die Arbeitsabläufe werden dadurch völlig klar. Das ganze Werk arbeitet ruhig und entspannt.

Sollte ein Bereich seinen Termin nicht einhalten können, muss er dies sofort der zentralen Terminsteuerung melden, und es wird ein neuer Lieferterminplan für alle Bereiche erstellt. Reichen die Zeitpuffer nicht, um den Endtermin beim Kunden halten zu können, führen Sie ggf. Sonderaktionen durch. Erreichen Sie auch damit das Ziel nicht, müssen Sie den Kunden sofort über die Lieferverzögerung informieren. Ihr Kunde wird nicht begeistert sein, aber die rechtzeitige Information zu schätzen wissen, denn er kann nun selbst interagieren und Maßnahmen treffen, die seinen eigenen Schaden minimieren. Bislang war es so, dass er erst nach der Nichtlieferung zum vereinbarten Termin und durch eigene Intervention erfuhr, dass es noch „dauern" wird.

Die Optimierung von Lieferzeit und Liefertreue funktioniert ausschließlich durch die Unterteilung eines in weiter Ferne liegenden Datums, des Liefertermins beim Kunden, in viele, den einzelnen Verantwortlichen entsprechende Einzeltermine. Der Erfolg des Projekts ist, wie bei den Themenbereichen der anderen Kapitel dieses Buches, von der konsequenten Einhaltung und Durchführung der verabschiedeten Maßnahmen abhängig. Dazu müssen Sie auch alle externen Unternehmen organisatorisch so entwickeln, dass sie ebenfalls mit Ihrem System der internen Liefertermine in ihren Unternehmen arbeiten. Diese Maßnahmen bedeuten keineswegs, dass zu schlechteren Bedingungen gearbeitet wird. In den meisten Fällen reicht es, dass Vereinbarungen konsequent eingehalten werden.

10.3 Beispiel aus der Praxis

Der Wille entscheidet

Vorab möchte ich anmerken: Auch im Maschinenbau lassen sich Top-Leistungen bei Lieferzeit, Qualität, Umweltbewusstsein und Innovation zuverlässig erreichen, allerdings nur, wenn das Umfeld stimmt. Sie können nicht erwarten, dass ein Mitarbeiter, der gerade aus einem ramponierten und verschmutzten Umkleide- und Sanitärbereich an einen düsteren Arbeitsplatz in jämmerlichem Zustand kommt, ein Gussstück für zum Beispiel die Lebensmittelindustrie fertigt, welches keinerlei Abweichungen aufweist. Das ist nicht möglich.

Die Gießerei, in der ich nach über 20-jähriger Betriebsangehörigkeit Geschäftsführer wurde, arbeitete zum Großteil für die Pumpen- und Armaturenindustrie. Die Branche war wie eine Familie, man traf sich auf Messen oder bei der Verbandsarbeit. Sogar die Gießer kannten sich oft persönlich untereinander, es sprach sich schnell herum, wenn irgendwo etwas außerhalb der Norm Liegendes passierte. Wir gehörten nicht zu den guten Gießerein, aber viele andere hatten Anfang der 90er Jahre die gleichen Probleme. Nur die ganz großen hatten bereits angefangen, ihre Unternehmen nach amerikanischem Vorbild umzugestalten, die Mittelständler betrieben ihr schmutzintensives Gewerbe noch wie zu Zeiten der industriellen Revolution. Es dröhnte, dampfte und stank, die Gebäude waren schwarz von Ruß und Asche, die Menschen waren ein Abbild ihrer Umgebung und verrichteten stur ihre Arbeit.

> Allein durch die Verbesserung einiger Rahmenbedingungen lassen sich Lieferbereitschaft, -treue und Qualität immens steigern. Zudem ist Ihnen die Aufmerksamkeit der Branche in positivem Sinne sicher.

Der Beginn unseres Sanierungsprozesses erregte große Aufmerksamkeit in der Branche. Das Weißen und Verschönern der Gießerei wurde argwöhnisch beobachtet, aber bei den Kunden veränderte sich der Ruf des Unternehmens von Woche zu Woche zum Positiven. Denn allein durch die Verbesserung einiger Rahmenbedingungen konnten wir Lieferbereitschaft, -treue und Qualität immens steigern. Es dauerte nicht lang und wir bekamen eine große Chance, die zu einem spürbaren Ruck im Unternehmen führte. Ein großer deutscher Automobilhersteller bezog seine Achsteile seit Jahren von einem unserer Wettbewerber. Im Laufe der Zeit hatte sich die Qualität verschlechtert und es kam oft zu Lieferverzögerungen, sodass sich der Autokonzern entschloss, alternative Angebote einzuholen. Sie fragten daraufhin offiziell bei uns Probeachsen an und stellten ein großes Auftragsvolumen an Achsen in Aussicht. Bedingung war, dass wir die Muster innerhalb von fünf Tagen lieferten. Dieser Test, um herauszufinden, wie gut wir in Wirklichkeit geworden waren, grenzte an eine Provokation, denn eine solche Arbeit lässt sich unter normalen Umständen in fünf Tagen unmöglich realisieren. Unser Führungsgremium entschied binnen zehn Minuten: Wir wollen den Auftrag aufgrund der Größe, und wir wollen das Muster in exzellenter Qualität fristgerecht abliefern, weil das unser Prestige weit nach vorn bringen würde. Diskussionen, ob wir wie üblich wenigstens die Modellkosten für den Prototyp in Rechnung stellen können, wurden nicht geführt. Wir setzten alles auf eine Karte, um zu beweisen, wozu wir in der Lage waren. Nach sechs Monaten im Sanierungsprozess war klar: Wir sind besser als die anderen. Nach der internen Entscheidung wurde kein aufwändiger Terminplan erstellt, sondern nur eine Liste mit den Arbeitsschritten, die zu erledigen waren, aufeinanderfolgend, zügig, Tag und Nacht.

Der Gießereileiter teilte daraufhin dem Einkäufer mit, er könne die zwei Musterachsen in fünf Tagen um 11.00 Uhr ausliefern. Im Werk brach danach ein Arbeitseifer sondergleichen aus. Die gesamte Gießerei war informiert über das brisante Projekt sowie den strammen Zeitplan. Alle waren interessiert. Selbst wer nicht direkt in die Umsetzung involviert war, unterstützte das Gelingen, indem er regen Anteil an der Arbeit der ausführenden Kollegen nahm. Als unser Gießereileiter dann am fünften Tag mit seinem Transporter vorfuhr, mussten wir ihm die Achsen in Folie verpackt übergeben, weil sie noch nicht vollständig abgekühlt waren, aber wir hatten es geschafft.

> Herausforderungen mit exzellenten Leistungen zu bestehen, ist in erster Linie wichtig fürs Prestige. Man kann nicht immer gewinnen, aber auch verlorene Aufträge können intern ein großer Sieg sein.

Der Auftraggeber war sichtlich beeindruckt und äußerste, dass er uns die Bewältigung dieser Aufgabe nicht zugetraut hatte. Nach interner Prüfung des Automobilherstellers erreichten uns zudem Glückwünsche zur Top-Qualität. Den Auftrag erhielten wir dann leider trotzdem nicht, weil der bisherige Lieferant aufgrund unseres Konkurrenzangebotes die Preise senkte. Auf einen Preiskampf sind wir aus Überzeugung nicht eingegangen. Nachdem wir uns von vielen kleinen, wenig lukrativen Aufträgen getrennt hatten, gab es keinen Grund, nun für einen großen Kunden unrentabel zu produzieren.

Die Stimmung in unserer Gießerei war trotz Absage großartig, denn wir hatten nicht nur den anderen, sondern vor allem uns selbst bewiesen, zu welch hervorragenden Leistungen wir in der Lage waren. Wir wussten nun, wir können unsere Ziele erreichen, und hatten ein Vorgefühl bekommen, wie es sein würde, ganz oben auf dem Treppchen zu stehen. Der Weg dorthin würde kein leichter sein: Das war allen klar geworden, aber keiner resignierte, alle genossen den Adrenalinschub.

> 🍎 *Es gibt kein Muss, aber es gibt Grenzen. Als Führungskraft müssen Sie Ihre Belegschaft schützen. Neue Aufträge müssen professionell in die Arbeitsplanung eingespeist werden. Dazu gehört es unter Umständen auch, zusätzliche Arbeiten abzulehnen, wenn die Kapazität erschöpft ist. Sie dürfen Ihrer Organisation nicht mehr zumuten, als sie ohne Schaden bewältigen kann. Wenn Sie Ihrem Organismus zu viel Überstunden und Abendveranstaltungen aufladen, erhöhen Sie Ihr Infarktrisiko, das ist in Ihrem Unternehmen genauso.*

10.4 Beispieldokument aus der Praxis

AKTENVERMERK

von: AR 1   Datum: 8.12.xx

Zeichen: AR1/ GE

Zur Bearb. an: R30 H. Bauer, R10 H. Brick, R50 F. Fu-Rudolph, R60 H. Laux

Betrifft: Sollkonzept für die Gießerei – Anforderungsprofil an PPS

1.   Lieferzeit:

1.1.   Anhand der Vorgabe „85 Mitarbeiter = 85 Tonnen" ergibt sich eine Lieferzeit von zurzeit 6 Wochen, die schrittweise auf mindestens **4 Wochen** reduziert wird. Daraus ergibt sich dann als Datum der Liefertermin.

1.2. Innerhalb der Lieferzeit und abgeleitet vom Liefertermin für den Kunden muss für jedes Team ein eigener Liefertermin bestehen. Dies errechnet sich wie folgt:

1.2.1 Vertrieb:
X (1) Tage   = Vertriebstermin

1.2.2. Produktionsbegleitung:
X (1) + X (2) Tage   = Produktionsbegl.termin I

1.2.3. Holz:
X (1) + X (2) + X (3) Tage   = Holztermin

1.2.4. Sand:
X (1) + … + X (4) Tage   = Sandtermin

1.2.5. Flüssiges Eisen
X (1) + … + X (5) Tage   = Flüssiges Eisen Termin

1.2.6. Starres Eisen
X (1) + … + X (6) Tage   = Starres Eisen Termin

1.2.7. Produktionsbegleitung:
X (1) + … + X (7) Tage   = Produktionsbegl.termin II

= **Liefertermin**

= **max. Lieferzeit**

Kapitel 11 Null-Fehler-Qualität

„Wer einen Fehler gemacht hat und ihn nicht korrigiert,
begeht einen zweiten."

[Konfuzius, chin. Philosoph]

11.1 Begriffsklärung

Das Null-Fehler-Konzept ist eine Qualitätsphilosophie. In ihren Grundzügen wurde sie in den frühen 60er Jahren von Philip Crosby in den USA während seiner Tätigkeit bei der Martin Marietta Corporation entwickelt. Im Kern besagt das Null-Fehler-Konzept, dass ein Unternehmen anstrebt, Waren zu produzieren, die in jeder Hinsicht perfekt sind. Kennzeichnend ist darüber hinaus ein hohes Maß an Arbeiternehmerbeteiligung. Das heutige Verständnis von Null-Fehler-Qualität entstand durch die Verschmelzung von Crosbys Konzept mit den in Japan erfundenen Qualitätszirkeln. In Anlehnung an das dort sehr ausgeprägte Gruppen- und Familienbewusstsein sollten sie in den Unternehmen Ideenreichtum, Erfahrung und Verantwortungsbereitschaft der Mitarbeiter aktivieren und ihr Wissenspotenzial ausschöpfen. In Deutschland kommt die Null-Fehler-Qualitätsphilosophie seit den 80er Jahren zum Einsatz.

11.2 Vorgehensweise

Auch zur Umsetzung dieses vorletzten Kapitels brauchen Sie wieder viel Mut, eine Vision, Schnelligkeit und Durchsetzungsfähigkeit, denn zu Beginn werden Sie mit Skepsis zu kämpfen haben. Bei einem Status quo von 15 Prozent und mehr Fehlerquote wird Ihnen kaum ein Mitarbeiter Glauben schenken, wenn Sie verkünden, die Fehler- oder Reklamationsquote innerhalb einiger Wochen erst zu halbieren und dann gegen Null bringen zu wollen. Sie werden Hunderte von Gründen und Ursachen für Mängel hören, die Ihren Plänen entgegenstehen. Lassen Sie sich nicht beirren, beginnen Sie das Projekt und denken Sie immer daran, wie viel Ressourcen durch die Reduzierung der Fehler frei werden. Unnötige Arbeitszeit für Nachbearbeitung, für Diskussionen unter den Mitarbeitern und mit Kunden, zusätzliche Kosten durch die Reklamationsbearbeitung bis hin zum Verlust des Kunden wegen mangelnder Qualität: All das hat ein Ende.

Im ersten Schritt erfassen Sie alle Fehler. Unterscheiden Sie dabei zwischen dem Entdecken anhand des eigenen Kontrollsystems oder durch Kundenreklamation. Jeder Fehler wird knapp beschrieben und falls seine Ursache bekannt erscheint, wird diese auch konkret benannt. Es wird festgelegt, ob und wie der Mangel beseitigt werden kann, ob sich eine Nachbearbeitung lohnt oder ob das betroffene Teil sofort als Ausschuss verbucht und entsorgt wird. In jedem Fall, egal ob Beseitigung des Defekts oder Abschreibung: Das fehlerhafte Teil ist sofort zu bearbeiten und keinesfalls zwischenzulagern. Denken Sie diesbezüglich mit Schrecken an den Anfang von Kapitel 8 „Lagerbestände".

Parallel zur Erfassung beginnen Sie mit der Bekanntgabe der Fehlerquoten im Betrieb und kommunizieren gleichzeitig das gemeinsam zu erreichende Ziel. Die erfassten Fehler eines Monats oder einer Woche werden nach Häufigkeit, Fehlerart und -auslöser degressiv aufgelistet. Im ersten Schritt bearbeiten Sie nur die 20 Prozent Fehlerarten und Gründe, die mit hoher Wahrscheinlichkeit 80 Prozent des Ausschusses und der Reklamationen verursachen. Die Umsetzung erfolgt sofort und ohne große Diskussionen.

Sorgen Sie für absolute Transparenz. Je präziser Sie Fehler an der Quelle ihres Entstehens kommunizieren, desto größer sind die Chancen für deren schnelle Beseitigung.

Die Zahlen werden monatlich gut sichtbar auf Tafeln in allen Bereichen öffentlich gemacht. Wenn es Ihnen sinnvoll erscheint, geben Sie zusätzlich zur Gesamtunternehmenszahl noch die jeweiligen Qualitätsquoten pro Bereich bekannt. Sie erreichen auf diese Weise eine Verknüpfung mit der Fabrik in der Fabrik, der „Fraktalen Fabrik". Je transparenter Sie das Verhältnis von Qualität und Fehler für die Mitarbeiter gestalten, je präziser Sie es einzelnen Bereichen zuordnen können, umso größer wird der Ansporn für gute Qualität bei den Beteiligten. Wir reduzierten auf diese Art den Ausschuss von 15 auf zwei Prozent und Kundenreklamationen von fünf auf unter ein Prozent.

11.3 Beispiel aus der Praxis

Mit Schlagkraft zum Erfolg

Ob ein Unternehmen 10 oder 40 Prozent Verluste produziert, ist irrelevant. Das negative Ergebnis allein ist Maßstab und Grund genug, sich auf die Suche nach den Defiziten zu begeben. Sie finden sich fast immer bei den neben der Preisfrage ausschlaggebenden Kriterien für Einkäufer: Qualität, Lieferzeit und Liefertreue. Oft reicht es schon, wenn nur einer der drei Faktoren Mängel aufweist, um einen Kunden zum Wechsel des Lieferanten zu veranlassen. Die Qualität von Produkten und Dienstleistungen ist bei der Kaufentscheidung oft das Zünglein an der Waage. Überlassen Sie nichts dem Zufall. Stetige Verbesserungen und permanente Kontrollen sichern Ihrem Unternehmen das Kundenvertrauen und schützen vor Schlendrian, der sich unwillkürlich in jede Routine einschleicht.

Tresore und insbesondere solche in Geldautomaten müssen zuverlässigste Sicherheit gewährleisten vor äußerst erfindungsreicher krimineller Energie. Die Sicherheits- und Qualitätsstandards sind sehr hoch und stehen ständig auf dem Prüfstand. Sie müssen der sich permanent weiter entwickelnden Technik der Tresorknacker standhalten und unterliegen einer strengen Zulassungspflicht. Überwacht und getestet wird die Sicherheit von Geldautomaten im Sinne von Versicherungen und Banken durch eine Art TÜV, die VdS (Vertrauen durch Sicherheit) Schadenverhütung GmbH in Köln. Dort wird modernste Einbruchtechnik simuliert, und nur was diesen Tests standhält, erhält die Zertifizierung. Im Zuge meiner Suche nach Verbesserungsoptionen reiste ich zur VdS und sah mir dort vor Ort an, wie die Sicherheitstests durchgeführt werden. In den Simulationen zu sehen, mit welchen Mitteln und mit welcher Gewalt dort Scheineinbrecher versuchen, an die großen Geldbeträge zu kommen, die in einem solchen Automaten zur Auszahlung bereit gehalten werden, war höchst beeindruckend. Nach dem Besuch beim VdS wusste ich, worauf es bei unseren Produkten ankommt.

> Die Qualität ist entscheidend. Stetige Verbesserungen und permanente Kontrollen schützen vor Schlendrian, der sich unwillkürlich in jede Routine einschleicht.

Ungefähr einmal pro Monat mussten wir infolge von Kundenwünschen oder Sicherheitsauflagen die verschiedenen Tresortypen unserer Firma anpassen oder neue Produkte konstruieren. Relevante Änderungen wurden von der VdS getestet und zugelassen oder eben auch nicht. Eine Blamage bei der VdS-Prüfung würde sich in der Branche schnell herumsprechen, die Reputation leiden und die Einführungszeit sich unnötig verzögern. Ich ordnete deshalb an, alle Neuerungen erst im Hause gründlich zu testen, bevor sie bei der VdS vorgestellt werden. Das sparte Zeit, Geld und Nerven, verbesserte den externen Ruf der zuverlässigen Qualität unserer Tresore. Zudem führten die Tests intern zur Steigerung des Qualitätsbewusstseins sowie der Freude an der Arbeit. Die Simulation von Schlag-, Bohr-, Schweißtests und Zerstörungsversuchen aller Art im eigenen Hause war für alle Mitarbeiter Nervenkitzel und Lehrstunde par excellence.

Bei einem der VdS-Tests ging es darum, in sehr hoher Schlagfrequenz mit einem schweren Hammer auf den Tresor einzuschlagen. Dabei entwickelte sich u. a. große Wärme, der Tresor wurde enormen Schwingungen ausgesetzt und sollte letztendlich zerbersten oder Löcher bekommen. Das hört sich simpel an und sah bei der VdS auch einfach aus. Der

Hammertest schien prädestiniert zur Nachahmung, machte Lust zur Probe aufs Exempel und bediente mein persönliches Faible: Wann immer es möglich ist, lasse ich es mir nicht nehmen, etwas selbst einmal auszuprobieren, bevor ich andere beauftragte. Mein Partner Alexander Leis und ich schlugen heimlich zu später Stunde eigenhändig mit einem Testhammer auf die Tresore ein. Wir waren tief beeindruckt und ebenso frustriert, denn schon nach wenigen Schlägen scheiterten wir kläglich aus Kraftmangel. Trotzdem entschieden wir, genau diesen Test intern als eine Messlatte für die Sicherheitsqualität einzuführen. Da er einen hohen Unterhaltungswert hatte und ohne großen Aufwand durchführbar war, beschlossen wir, ihn in großer Runde als Spektakel und Lehrstunde für die gesamte Belegschaft zu zelebrieren. Es galt nur noch, einen geeigneten Hammerführer zu finden.

> Gute Führung bedeutet auch, Menschen den Spaß an der Arbeit zurückzugeben. Vertrauen Sie Ihrer Mannschaft, aber überlassen Sie nichts dem Zufall.

Als unser Auftragsvolumen aufgrund der stetigen Verbesserung von Qualität, Lieferzeit und Liefertreue explodierte und wir vor Ort in Tschechien kein Personal mehr fanden, hatten wir ukrainische Leiharbeiter eingestellt. Das waren sehr freundliche und fleißige Männer, unter ihnen viele ehemalige Soldaten mit Spezialausbildung. Es lag nahe, sie mit der hausinternen Einbruchsimulation zu betrauen, und das tat ich dann auch. Ich stellte eine ordentliche Prämie für das erfolgreiche Aufbrechen der Tresore in Aussicht und ließ der Mannschaft Zeit, eine Strategie auszutüfteln. Das Projektteam war hoch motiviert, nicht nur wegen der Prämie, sondern weil es sich beweisen wollte. Während des Tests standen Produktion, Computer und Telefone still. Die gesamte Belegschaft versammelte sich in der Halle, um dem Test beizuwohnen. Alle standen erwartungsvoll um das Corpus Delicti herum und feuerten den gut trainierten kleinen, aber sehr kräftigen Ukrainer an. Es war unglaublich. Der Mann hieb mit großer Kraft und exzellenter Schlagtechnik wie ein Dampfhammer auf den Tresor ein. Das auf diese Art malträtierte Prüfobjekt war danach zwar nicht mehr brauchbar, hatte aber erfreulicherweise standgehalten. Die Testvorführung war eine riesengroße Gaudi und zudem ein voller Erfolg als Lehrstunde. Die Leute hatten begriffen, was für ein Produkt sie herstellen, was passiert, wenn sie schlecht arbeiten, und wie befriedigend es ist zu erleben: Unsere Tresore knackt niemand.

Ich zahlte der internen Testcrew die Prämie, obwohl sie scheiterte, und sie machte ihren Job auch weiterhin gut. Alle intern vorgetesteten Tresore bestanden seitdem die VdS-Prüfung, während zuvor einige Zertifizierungen gescheitert waren. Allein durch die Einführung dieser einfachen Maßnahme, die zudem der gesamten Belegschaft sehr viel Spaß bereitete und ihr für viele Schwachstellen am eigenen Produkt die Augen öffnete, hatten wir einen großen Schritt in Richtung Null-Fehler-Qualität gemacht. Zudem hatte sich einmal mehr bewiesen: Gute Führung bedeutet auch, Menschen den Spaß an der Arbeit zurückzugeben. Vertrauen Sie Ihrer Mannschaft, aber überlassen Sie nichts dem Zufall.

Der Markt entscheidet über Ihren Unternehmenserfolg. Behalten Sie ihn gut im Auge. Nicht nur die Qualität, sondern auch Ihre Innovationskraft wird davon profitieren.

Auch wenn Ihre Produkte keiner dermaßen strengen Zertifizierungspflicht unterliegen wie beispielsweise Tresore: Ihre Kunden sind unbarmherziger als jede Prüfstelle, wenn sie beim Gebrauch auf Mängel stoßen. Verlassen Sie sich nicht nur auf Ihre internen Qualitätsendkontrollen. Suchen Sie gelegentlich direkten Kontakt zum Fachhandel. Machen Sie Stichproben, testen Sie Ihre Produkte am Markt, beobachten Sie Kunden beim Kauf, erfragen Sie erste Eindrücke und Funktionsbewertungen. Der Markt entscheidet über Ihren Unternehmenserfolg. Behalten Sie ihn gut im Auge. Nicht nur die Qualität, sondern auch Ihre Innovationskraft wird davon profitieren.

🖋 *Lehren heißt überraschen. Wenn das Kommunikationsnetz etabliert ist und das Alltagsgeschäft reibungslos läuft, können Sie Ihre Zukunftsvisionen auf die Agenda setzen. Ich erzähle den Mitarbeitern die Geschichte vom Bootsbau sowie der Liebe zum Meer und empfehle, „Der Kleine Prinz" von Antoine de Saint-Exupéry als ganzes Buch zu lesen, oder verschenke auch einmal ein Exemplar anstelle von Alkohol zur Weihnachtsfeier. Ich fordere meine Mitarbeiter aktiv zum Träumen auf. Ich habe immer wieder aufs Neue erlebt: Wenn die Menschen beginnen ihr Unternehmen zu gestalten, zu hegen und zu pflegen wie ihren eigenen Garten, kann selbst aus einem fast insolventen Unternehmen ein europäischer Marktführer werden.*

11.4 Beispieldokument aus der Praxis

Pareto Beanstandungen nach Abteilung — die ersten vier Fehlerarten sind umgehend zu analysieren und zu beheben

Pos.	Abteilung	Gesamt	Jan	Feb	Mrz	Apr	Mai	Jun	Jul	Aug	Sep	Okt	Nov	Dez
1	QS	67		25	4	42	3	2	7	5	12	11	4	
2	Montage und Expedition	52		3	8	7	4	1	1	4	2	10	1	
3	Konstruktion	36		2		4	2	1	19	2	3	4		
4	Füllstation, Schweißerei	31	1			1	1	2	1		2	9		
5	Zulieferer Gehäuse Prems	22		1				2		2	2	1	2	
6	Part	10			10									
7	Schlosszulieferer	10				1	1	2		2	2	2		
8	Lackiererei	3		1			1					1		
9	Nicht festgestellt	2							1					
10	Verschlusszulieferer	2				1		1	1					
11	Zulieferer Gehäuse Berl. Luft	2								2				
12	Sonstige Zulieferer	0												
13	Spediteur	0												
14	Zulieferer Gehäuse Kovomont	0												
	Gesamt	238	1	31	26	48	13	8	30	15	21	37	7	0

= 80 % der Fehler

Pareto Beanstandungen nach Fehlerart — die ersten sechs Fehlerarten sind umgehend zu analysieren und zu beheben

Pos.	Fehlerart	Gesamt	Jan	Feb	Mrz	Apr	Mai	Jun	Jul	Aug	Sep	Okt	Nov	Dez
1	Kennzeichnung und Schilder	43				42	1							
2	Gewinde und Löcher	36	1	2	5	4	4	1	3	2	3	9	1	
3	Konstruktion, Dokumentation	33			13	1	1		1	4	2	10	1	
4	Oberflächenbearbeitung	29		26	1	1						1		
5	Geometrie Gehäuse, Türen, Schweif	25		1			2	3	18		1			
6	Einbauteile fehlerhafte Montage	18			3				4		6	5		
7	Verschluss (Riegelwerk) und EMA	18		1			3	2	2	3	4	3		
8	Einbauteile fehlen	15		1			1	2		3	3	5		
9	Schlösser Safelock	7					1			3	2		1	
10	Sonstige	7		1	4				2					
11	Flächensicherung (FS)	3										2	1	
12	Schlösser Paxos	2										1	1	
13	Schlösser S&G	2										1	1	
14	Schlösser Kaba Mass	1											1	
	Gesamt	**238**	**1**	**32**	**26**	**48**	**13**	**8**	**30**	**15**	**21**	**37**	**7**	**0**

2003

= 80 % der Fehler

Kapitel 12 Innovationen

„Fantasie ist wichtiger als Wissen,
denn Wissen ist begrenzt."

[Albert Einstein, dt.-amerik. Wissenschaftler]

12.1 Begriffsklärung:

Innovationen sind technische oder organisatorische Neuerungen, die im Produktionsprozess durchgesetzt wurden. So erklärt es Joseph Schumpeter in seiner Theorie von der wirtschaftlichen Entwicklung und unterstreicht, dass Erfindungen oder geniale Ideen allein vielleicht innovativ sind, aber noch längst keine Innovation. Innovationsprozesse gliedern sich gewöhnlich in drei Phasen. In der ersten, der Impulsphase, werden neue Ideen durch Trendforschung und Identifikation zukunftsweisender Technologien generiert. In der zweiten, der Bewertungsphase, wird deren Tauglichkeit für die jeweilige Branche bzw. das eigene Unternehmen geprüft. Maximal drei Top-Ideen werden eruiert und nach Realisierbarkeit in eine Reihenfolge gebracht. Eine dieser drei favorisierten Ideen wird dann in der dritten und letzten Phase, dem Technologietransfer, zur Serien- und Marktreife entwickelt.

12.2 Vorgehensweise

Das Thema Innovationen korrespondiert sehr stark mit dem in Kapitel 7 beschriebenen Kommunikationsnetz. Nach Einführung dieses Tools ergeben sich automatisch feste Termine, zu denen sich Mitarbeiter ihren

Ideen zur Optimierung von Produkten, Prozessen, Arbeitssicherheit, Service und sonstigen das Unternehmen betreffenden Themen widmen können. Greifen Sie bei der personellen Zusammenstellung der Innovationsteams auf das Kommunikationsnetz zurück. Den Beginn des Projekts zur Ideen- und Innovationsfahndung sollten Sie Aufmerksamkeit erregend inszenieren, es sei denn, Sie haben bereits den Beginn des Restrukturierungsprogramms entsprechend mitreißend gestartet. In diesem Fall kann ohne große Inszenierung mit einem normalen Brainstorming begonnen werden.

Als idealer Auftakt für besonders wichtige Projekte erwiesen sich vielfach sogenannte Open-Space-Veranstaltungen. Dabei geben Sie möglichst vielen Mitarbeitern die Chance, an einem halben Tag in tunlichst fremder Umgebung mit viel Raum, alles was ihnen zu ihrem Unternehmen einfällt, kundzutun. Lassen Sie solche Prozesse immer durch Moderatoren begleiten und dokumentieren. Sie erhalten mit hoher Wahrscheinlichkeit Lösungsvorschläge für viele Defizite. Wie beim Brainstorming gewichten Sie die Ergebnisse nach Häufigkeit oder betriebswirtschaftlicher Ergebnisbeeinflussung. Nach bewährter Paretomethodik bearbeiten Sie dann etwa 20 Prozent der Themen in verschiedenen Arbeitsgruppen. Sie erreichen einen Wirkungsgrad von wahrscheinlich 80 Prozent. Erst wenn hierzu umsetzungsfähige Lösungen gefunden sind, darf mit neuen Aufgaben begonnen werden. Die Fokussierung erfolgt getreu dem Leitsatz: Wir arbeiten schnell und einfach. Unabhängig davon, ob die Ideensammlung durch Open Space oder Brainstorming erfolgte, ist der nachfolgende Prozess identisch.

Falls weder Sie selbst noch zumindest einer Ihrer Mitarbeiter sich eine Moderatorenfunktion zutraut, engagieren Sie einen externen Moderator. Sie werden nicht nur zum Thema Innovationen, sondern auch in anderen Veränderungsprozessen Kommunikationsexperten brauchen. Veranlassen Sie deshalb gegebenenfalls unverzüglich die Ausbildung von internen Mitarbeitern zu Moderatoren.

Ein gutes Innovationssystem berührt alle Bereiche des Unternehmens und sollte deshalb auch von allen getragen werden. Egal ob Arbeiter oder Führungskraft, Angestellter, Zulieferer oder Kunde: Das Know-how aller Sympathisanten Ihres Unternehmens ist von Interesse für Sie!

Nachdem in den festen Gruppen die Methoden der Ideenfindung sicher beherrscht werden und die anfängliche Scheu vor dem öffentlichen Denken und Agieren abgelegt wurde, können Sie die Zusammensetzung der Gruppen variieren, um neue Mitglieder und damit frische Gedanken zu gewinnen. Außerdem erhöhen sich durch die Veränderung der Beteiligten die Themenvielfalt und der Mut zu den ungewöhnlichsten Lösungsvorschlägen. Die Option der flexiblen und universellen Zusammensetzung von Brainstorminggruppen sollte hierarchisch durchlässig gestaltet und abteilungsübergreifend genutzt werden. Im Idealfall besteht ein Innovationsteam aus Arbeitern und leitenden Angestellten verschiedener Bereiche sowie neuen Betriebszugehörigen. Im nächsten Schritt ist eine Erweiterung der am Denkprozess Beteiligten um beispielsweise Studenten sinnvoll. Außerdem sollten Mitarbeiter von Kunden oder Lieferanten eine echte Bereicherung des Innovationsprozesses sein. Die bewährte Gruppenstärke liegt zwischen 12 und 15 Mitgliedern. Achten Sie dabei auf eine paritätische Durchmischung der Geschlechter und Generationen. Ihre Themen suchen sich die Denkgruppen im Normalfall nach oben beschriebener Methodik selbst. Zudem ist es möglich, dass bei drängenden Problemen im Betrieb von den entsprechend Verantwortlichen Anforderungsprofile erstellt werden, zu denen die Innovationsteams dann Lösungen anbieten. Dabei ist etwa an Herausforderungen wie große Reklamationen, an das Wegbrechen eines wichtigen Lieferanten oder Kunden oder an den Ausfall von Produktionsmitteln zu denken. Schon wenige Monate nach der Einführung eines solchen Innovationssystems bzw. eines KVP-Programms (kontinuierlicher Verbesserungsprozess) werden Sie aufgrund dessen dauerhaft ein bis zwei Prozent Ergebnisverbesserung im Durchschnitt erzielen.

Ein gutes Innovationssystem berührt alle Bereiche des Unternehmens und sollte deshalb auch von allen getragen werden. Egal ob Arbeiter oder

Führungskraft, Angestellter, Zulieferer oder Kunde: Das Know-how aller Sympathisanten Ihres Unternehmens ist von Interesse für Sie. Durch die Integration vieler oder aller Mitarbeiter, das Einbeziehen von Kunden, Lieferanten und Hochschulen wird ein offenes und neugieriges Betriebsklima entstehen. Die besten Erfahrungen habe ich in Innovationsprozessen mit Mitarbeitern gemacht. Durch das Einbeziehen der Kollegen haben wir sehr viele kleine Verbesserungen auf den Weg gebracht. Sie brachten uns immer eine Kostensenkung, sowohl bei den Stückkosten als auch im Produktionsablauf. Zu Letzterem waren langjährige Mitarbeiter die besten Ratgeber, zuvor nie gefragt, sprudelten die Verbesserungsvorschläge nur so aus ihnen heraus. Die zweite effiziente Quelle waren bewährte Lieferanten. Mit den Jahren und der Routine werden die eigenen Ingenieure gerne betriebsblind. Sie verlieren sich leicht in konstruktiven Details, die das Produkt verkomplizieren und damit auch teurer machen. Lieferanten haben ähnliche Interessen, sie sehen die Produkte ihrer Kunden aber mit anderen Augen und bieten oft unkomplizierte perfekte Lösungen, die gut zehn Prozent Kosten sparen.

Bitte beachten Sie, wir reden hier über Sanierungsphasen. In diesem Stadium sind vor allem Erneuerungen und Veränderungen zum Zwecke der Kostenreduzierung und der Wettbewerbsdifferenzierung Ziel von Innovationen. Nach dem ersten Durchlauf des Innovationsprozesses beginnen Sie deshalb sofort mit der nächsten Runde. Betrauen Sie wiederum Mitarbeiter, Lieferanten und andere Externe mit der Ideensuche. Verankern Sie das Thema Innovation fest im Kommunikationsnetzwerk. Stellen Sie Flipcharts an allen möglichen und unmöglichen Orten auf. Jedes Team erhält eine und die Fragen darauf lauten: Was sollen wir verändern? Was fällt Euch ein? Und: Legen Sie ein Zeitfenster fest, in dem die Mitarbeiter sich Gedanken machen müssen.

> Hoffen Sie nicht auf die eine große Innovation. Sie ist selten planbar. Viele kleine Innovationen hingegen sind in der Summe äußerst gewinnträchtig und dazu kalkulierbar.

Sie können sich das Wissen Ihrer Mitarbeiter nicht heimlich erschleichen oder als selbstverständlich annehmen, dass sie es Ihnen überlassen. Nein:

Sie wollen das Wissen Ihrer Mitarbeiter abschöpfen, deshalb müssen Sie innerhalb der Arbeitszeit geregelten Raum für freie Gedankenflüsse schaffen. Ich habe immer gut zwei Stunden wöchentlich für diese Denkrunden zur Produktverbesserung, Ablaufoptimierung und Ideensuche für Innovationen veranschlagt. Die höchsten Kosten dabei sind durch die Anschaffung der Flipcharts aufgelaufen. Wir haben keinen Cent für Seminar- und Reisekosten ausgegeben. Sie brauchen niemanden erst zu Brainstormingkursen zu schicken, um ihm das Denken beizubringen. In der Praxis bewährte sich das einfache Pyramidenmodell bestens. Ich selbst habe die Workshops mit den Führungskräften moderiert und diese wendeten ihre Erfahrungen dann in ihren Teamsitzungen an. Es dauerte in der Regel höchstens ein dreiviertel Jahr, bis auch der letzte Meister sicher am Flipchart stand, Kärtchen an die Leute verteilte und Punkte mit ihnen klebte. Alle, egal ob Putzer, Schweißer, Ingenieur oder Sachbearbeiter, saßen gebannt und hoch motiviert zusammen. Dazu kommt ein nicht unwesentlicher Multiplikator-Effekt: Wenn ihre Mitarbeiter sich informiert und ernst genommen fühlen, reden sie auch zu Hause mit ihren Familien, mit Freunden am Stammtisch oder beim Sport über die Probleme im Betrieb. Deren Feedback fließt dann direkt in die Lösungen ein. Unterschätzen Sie dies nicht, denn der Sohn des einen studiert vielleicht Hydaulik, der Schwiegervater des anderen ist Verfahrensingenieur, die Ehefrau arbeitet in einem Zentrallager und ein Fußballkumpel ist Spediteur. Deren Erfahrungen sind interessant für Ihr Unternehmen. Wenn Sie nicht transparent führen und geheim kommunizieren, fällen all diese Informationsquellen weg und ihre Innovationsbestrebungen verlaufen schnell im Sande. Beginnen Sie ohne Verzug, setzen Sie sich kleine Ziele, kommunizieren Sie offen und ehrlich, und setzen Sie sich durch! Sie treten damit eine Lawine los, die sich äußerst positiv in Ihrem Unternehmensergebnis niederschlagen wird. Hoffen Sie nicht auf die eine große Innovation. Sie ist selten planbar. Viele kleine Innovationen hingegen sind in der Summe äußerst gewinnträchtig und dazu kalkulierbar.

Neben den Workshops und der permanenten Thematisierung von Innovation im Unternehmensalltag arbeitete ich auch hier mit Degressionslisten aus der Qualitätsanalyse. Alle Mängel am Produkt und Fehler in Organisationsstrukturen bzw. Fertigungsprozessen wurden degressiv erfasst. Die ersten 20 Prozent der Fehler, sie verursachen meist 80 Prozent des Schadens, mussten in den Abteilungen besprochen und ausgewertet werden. In allen Firmen, die ich sanierte, hörten die Mitarbeiter dadurch erstmalig, wo konkret Fehler gemacht wurden. Sie erfuhren beispielsweise, dass die Schweißerei zehn Fehler produziert hatte, von denen zwei so signifikant waren, dass sie 40 Prozent der Reklamationen auslösten. Die Schweißer beseitigten daraufhin binnen kürzester Zeit die Ursachen für die Fehler und in fast allen Fällen traten diese Mängel nie wieder auf. Nach dem gleichen Schema verlief es in allen anderen Abteilungen. Bis dato hatte es immer nur geheißen, dass die Fehlerquote bei so und so viel Prozent läge. Mit solchen allgemeinen Angaben kann niemand etwas Konkretes anfangen. Es ist Ihre Aufgabe, die gröbsten Mängel beim Namen zu nennen und an die richtige Adresse zu kommunizieren, also an die Verursacher. Sie werden feststellen, dass dann nicht nur der konkrete Fehler behoben, sondern meist gleich das ganze Umfeld optimiert wird.

12.3 Beispiel aus der Praxis

Volksweisheit

Ich entführe Sie wiederum in die Welt der Geldautomaten. Deren Problemstellen waren lange Zeit die Öffnungen. Da gibt es zum einen die Tür, durch die Geld einsortiert wird, sie ist meist an der Rückseite gelegen und befindet sich im gesicherten Bankinnenraum. Zudem können die Spaltmaße dort so gering gehalten werden, dass es nahezu unmöglich ist, hier einzudringen, um die Tür aufzuhebeln. Die Achillesferse der Geldautomaten und somit die beliebteste Angriffsfläche war lange der Spalt, durch den das Geld ausgegeben wird. Als wir von diesem Umstand erfuhren, sahen wir unsere Chance und begannen, ohne Aufforderung des Kunden an einer Lösung des Problems zu arbeiten. Kaufmännisch betrachtet war es durchaus interessant, Patente zu sammeln, der entscheidende Anreiz aber war der Quantensprung, den wir unseren Wettbewerbern gegenüber machen würden.

Die Seele der Innovation ist das Querdenken. Verlassen Sie vertrautes Terrain und gehen Sie auf Entdeckungsreise. Wertschätzen Sie Ihre Mitarbeiter! Trauen Sie anderen etwas zu! Lassen Sie los! Sie können nicht alle Probleme allein bewältigen, dazu fehlen Ihnen sowohl Spezialwissen als auch Zeit.

Die Größe des Ausgabeschlitzes ließ sich unter den gegebenen Umständen nicht verkleinern. Das Format der Geldscheine zu optimieren, lag schließlich außerhalb unseres Einflussbereiches, aber der Öffnungsmechanismus belebte unsere Fantasie. Er ist durch ein sogenanntes Cash Gate geschützt. Diese Bargeldschranke war aus Edelstahlguss mit diversen speziellen Werkstoffbeimengungen und gehörte zu unserer Produktpalette. Eine bekannte Schwachstelle wiederum war die Feuerfestigkeit. Das Cash Gate hielt beim Brenntest mit Schweißgeräten nur mit Mühe die geforderte Zeit stand, die die Polizei in der Regel nach Eingang des Alarms zur Fahrt zum Tatort benötigt.

Ich initiierte also Workshops mit den Gießern, Mitarbeitern aus dem Vertrieb und anderen Bereichen. Es kamen viele gute Ideen zustande. Wir haben einige davon umgesetzt, konnten aber keine signifikante Verbesserung erzielen. Aus genannten Gründen ließen wir aber nicht ab von der Idee der Brandschutzoptimierung. Einmal infiziert mit dem Innovationsvirus, ist es schwer aufzuhören, bevor das Ziel erreicht ist. Zwischen Verzweiflung und Freude am Experimentieren luden wir die Frauen der Gießer zu einem Workshop ein, um zu hören, was ihnen zum Thema Feuerresistenz einfiel. Wir starteten mit einem ausgiebigen Betriebsrundgang. Danach saßen zehn bis zwölf Frauen mit überwiegend niedrigem Bildungsstand in meinem Büro. Sie waren etwas verschüchtert, fühlten sich unsicher angesichts von Flipchart und Arbeitgebern ihrer Männer, zeigten sich aber auch geschmeichelt von dem ihnen entgegengebrachten Vertrauen. Wir servierten Kaffee und Gebäck, demonstrierten anhand von Bildern den Geldautomaten mit dem Cash Gate im Detail und zeigten ein Video des Schweiß- und Brenntests. Die Runde begann sehr zäh, aber nach einer Stunde präsentierten uns die Damen das Ei des Kolumbus. Sie schlugen vor, die Schutzmäntel von Feuerwehrmännern zu zerschneiden und in die Gussmasse zu integrieren. Das ließ sich zwar so einfach nicht umsetzen, aber im Prinzip war das die Lösung unseres Problems. Die anfangs verunsicherten Männer waren mächtig stolz auf ihre Frauen und es zeigte sich: Die Seele der Innovation ist das Querdenken. Verlassen Sie vertrautes Terrain und gehen Sie auf Entdeckungsreise. Wertschätzen Sie Ihre Mitarbeiter! Trauen Sie anderen etwas zu! Lassen Sie los! Sie können nicht alle Probleme allein bewältigen, dazu fehlen Ihnen sowohl Spezialwissen als auch Zeit.

Wir mussten nur noch einen Weg finden, wie wir die Teile der Feuerschutzmäntel als weiteren Zusatzwerkstoff der Spezialgusslegierung beimengen konnten. Über alte Kontakte unserer Werkstoffingenieure zu ihren Ausbildungsstätten gelang die technische Umsetzung im Rahmen eines Forschungsprojektes mit Studenten der örtlichen Universität. Die Neuentwicklung wollten wir nach Fertigstellung in bewährter Manier erst einmal im Hause testen. Dazu benötigten wir eine sogenannte Brenn- bzw. Sauerstofflanze. Dieses Spezialgerät ist nicht öffentlich zugänglich und kommt gewöhnlich in Notsituationen zum Einsatz, um mit Hitze und Druck ganze Hauswände aufzuschneiden. Über persönliche Kontakte luden wir die ortsansässige Feuerwehr zu einem Fußballturnier ein und überredeten bei der anschließenden Feier einige Männer, mit einer Brennlanze zu uns ins Werk zu kommen, um den Test durchzuführen. Das Ereignis wurde zu einem riesigen Spektakel. Mit Klebeband wurde im Firmenhof ein Versuchsfeld großräumig abgesperrt. In Anwesenheit der Gießer und ihrer kreativen Frauen inszenierten wir den Test. Das herkömmliche Cash Gate zu knacken, war für die Experten mit dem schweren Gerät ein Kinderspiel. Unsere Neuentwicklung mit zusätzlich integriertem Schutzwerkstoff hielt der enormen Kraft der Brennlanze deutlich länger stand und zudem lang genug für die anstehende VdS-Prüfung. Der erfolgreiche Test endete mit Jubel und Applaus der Mitarbeiter sowie Erstaunen der Feuerwehrleute. Wir hatten es geschafft. Diese einfache Veränderung war eine große Innovation und sicherte uns einen beachtlichen Wettbewerbsvorteil.

> 🖢 *Rufen Sie sich Ihr Menschenbild bewusst ins Gedächtnis und korrigieren Sie es, wenn nötig. Ihre Mitarbeiter sind genauso gut wie Sie selbst. Die meisten schaffen, es ein Leben lang eine Partnerschaft zu führen, Kinder großzuziehen und ihnen eine gute Ausbildung zu ermöglichen sowie ein Haus zu bauen, es exzellent instand zu halten und abzuzahlen. Was diese Menschen in ihrem Leben vollbringen, ist keine geringere Leistung, als Vorstand eines Dax-Unternehmens zu sein. Diese Menschen bzw. Mitarbeiter ständig belehren zu wollen, bedeutet ihnen Verantwortung und Kreativität zu nehmen.*

12.4 Beispieldokumente aus der Praxis

07.02.   jeden zweiten Mittwoch im Monat Treffen von Vertrieb, Forschung und Entwicklung, Produktion und Qualität. Teilnehmer sind Teamleiter und Mitglieder des Teams mit dem Ziel der integrierten Produktentwicklung - Folie

Teilnehmer:

Birck, Abele, Fu-Rudolph, Bauer, Sauerwein, Holdschick, AV-Leitung, Metallurgin/e, sowie im Wechsel Eichler, Oppermann, nn

Integrierte Produktentwicklung

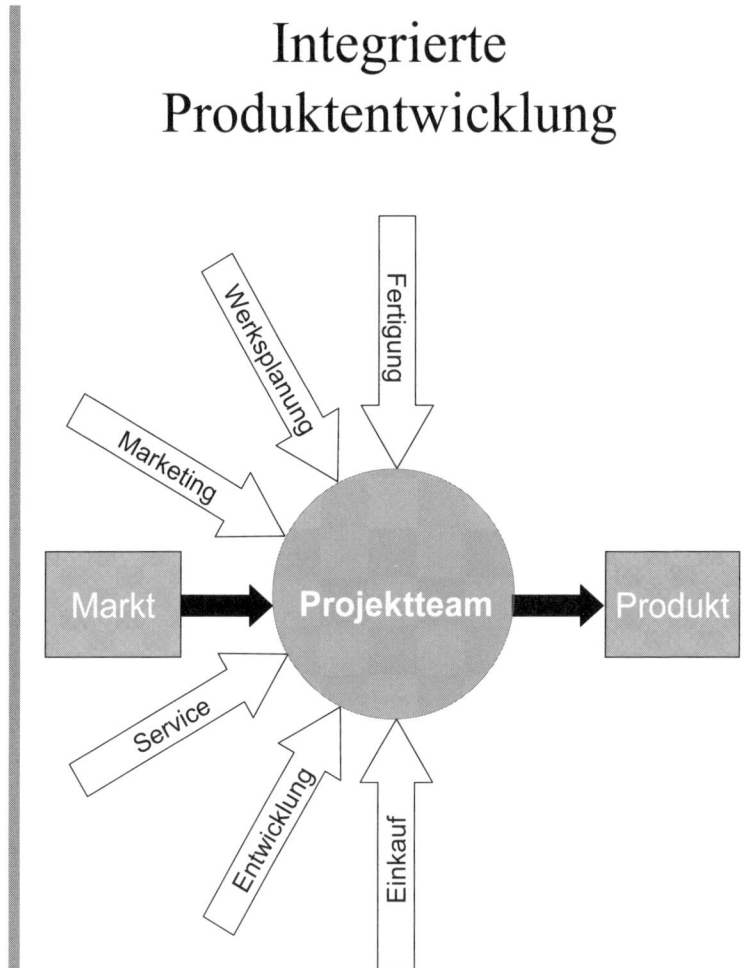

Nachwort

„Der Arbeiter soll seine Pflicht tun,
der Arbeitgeber soll mehr tun als seine Pflicht."

[Marie v. Ebner-Eschenbach, österr. Schriftstellerin)]

Ich hoffe, die vorangegangenen Seiten waren spannend für Sie zu lesen, und ich konnte Ihnen einige Anregungen geben. Vielleicht haben Sie längst mit der Umsetzung begonnen, wenn nicht, ist jetzt die Zeit gekommen, sich zu entscheiden. Haben Sie den Mut, bringen Sie die Kraft auf, mit einem Kapitel zu starten. Tun Sie genau das, was im jeweiligen Kapitel beschrieben ist. Setzen Sie die Tools konsequent und kompromisslos um. Lassen Sie dann das quantitative Ergebnis auf sich wirken. Entscheiden Sie in Ruhe, ob Sie weitere Kapitel mit den vorgeschlagenen Tools umsetzen möchten.

Mein Ansatz ist, eine permanente Optimierung im Unternehmen zu etablieren. Führen Sie regelmäßig Ist-Analysen durch, schauen Sie, wo Sie stehen, entwickeln Sie eine Vision, erarbeiten Sie eine Blaupause. Sie beugen damit vor und verhindern eventuell sogar eine Insolvenz mit Personalabbau, denn eine Sanierung muss nicht zwangsläufig mit Entlassungen einhergehen. Sicherlich wird mit meinen Maßnahmen auch Personal überflüssig, aber durch die Verbesserungen im Unternehmen gewinnen Sie gleichermaßen neue Kunden und bekommen mehr Aufträge oder erschließen sich sogar neue Geschäftsfelder. Ihre Mitarbeiter sind dann wieder alle vollbeschäftigt, und Sie werden höchstwahrscheinlich zusätzlich Personal einstellen müssen. Nur wenn Sie zu spät mit einem Turnaround beginnen, das Unternehmen dann ausschließlich über drastische Kostensenkungen zu retten ist, lässt sich das sensible Thema Outplacement nicht vermeiden. Sollte es so weit kommen, gilt gerade hier das Gebot: Hohe Transparenz und Ehrlichkeit, um gemeinsam mit den Mitarbeitern zumutbare Wege zu finden und zu verabschieden, statt zu entlassen. Es sollten alle Instrumente wie Kurzarbeit bzw. alternative Arbeitszeitmodelle, Sabbaticals, Hausfrauenjahre oder Verleih von Mitarbeitern an Lieferanten und Kunden etc. genutzt werden. Erst wenn alle diese Ideen nicht zum gewünschten Ergebnis führen, sollte die Trennung von entsprechenden Mitarbeitern zum Thema werden.

Die Entlassung von mehreren hundert Menschen scheint für viele Verantwortliche Routine geworden zu sein. Das darf nicht sein. Jeder, der so etwas entscheidet, muss auch den Mut aufbringen, sich vor die Betroffenen zu stellen und ihnen ins Gesicht zu sagen, dass sie entlassen werden. Das ist meine Forderung. Ich plädiere sogar für eine Gesetzesänderung diesbezüglich. Wer als Entscheider Entlassungen delegiert, geht mit Menschen nicht korrekt um. Ich als Unternehmer muss vorweggehen, muss mich stellen und laufen, laufen, laufen: Ich muss den Marathon aktiv mit durchstehen. Wer denkt, er könne am Ziel auf seine Mitarbeiter warten, wird darüber alt und grau werden.

Auch ein Entlassungsprozess lässt sich sozial gestalten, wenn dabei die Trennung als Chance im Mittelpunkt steht. Diese Thematik wäre ein eigenes Buch wert. Ich kann an dieser Stelle nur berichten, dass Outplacement als Option für einen Neuanfang gut funktioniert, wenn man mit großer Empathie und viel Zeit als Chef persönlich einen derartigen Prozess mitgestaltet und nicht die Verantwortung der Entlassung wegdelegiert. Als 1994 die Konzernleitung der Friedrichsfeld AG die Entscheidung fällte, die Gießerei der Rheinhütte nach Portugal zu verlagern, wollten Alexander Leis und ich diese Gießerei kaufen, weil wir fest an ihr Potenzial glaubten. Leider fehlte uns damals das nötige Kapital. Es gelang mir aber, das Werk effizient und dabei menschenwürdig abzuwickeln, wie Sie auch in Kapitel 7 „Das Kommunikationsnetz" nachlesen konnten.

Bereits zuvor hatte ich auf Anweisung der neuen Eigentümer als Personalchef direkt nach der Übernahme der Rheinhütte durch die Friedrichsfeld AG rund ein Drittel der 1.200 Mitarbeiter freisetzen müssen, zu den damals üblichen Konditionen, ein halbes Monatsgehalt pro Beschäftigungsjahr, nicht mehr und nicht weniger. Das war keine leichte Aufgabe, aber ich nahm die Herausforderung nach reiflicher Überlegung an und entwickelte dafür meine eigene Strategie: Outplacement – Trennung als Chance. Das Prozedere war in vier Phasen gegliedert, Transparenz und Ehrlichkeit waren zu jedem Zeitpunkt die wichtigsten Elemente. Außerdem verstieß ich nie gegen den Grundsatz: Unterschrieben wird erst nach einigen Wochen Klärungs- und Bedenkzeit. Ich erarbeitete einen mehrmonatigen Plan mit Gesprächsterminen und traf auf dieser Grundlage jeden Betroffenen, mehrere Male im Abstand von je einer Woche. Wir hatten keinen einzigen Arbeitsgerichtsprozess, sogar Anwälte für Arbeitsrecht lobten unsere Vorgehensweise. Ich empfahl allen Betroffenen meine Argumente und Angebote in Ruhe mit ihren Familien zu besprechen und gegebenenfalls den Rat eines Rechtsbeistands einzuholen. Viele nutzten die großzügige 58er-Regelung, um in den Vorruhestand zu gehen, aber wir konnten auch zahlreichen Mitarbeitern zu neuer Arbeit verhelfen. Ich beauftragte unsere Personalabteilung damit, sich im Dienste der zu entlassenden Mitarbeiter zu engagieren und aktiv Folgebeschäftigungen zu akquirieren. In große Not ist meines Wissens keiner der damals ausgeschiedenen Mitarbeiter gekommen. Für viele zog der Schnitt sogar eine positive Entwicklung nach sich.

Im Folgenden stelle ich Ihnen die inzwischen mehrfach bewährte Methode in ihren wichtigsten Punkten vor. In Phase eins überbringe ich persönlich den Betroffenen die Botschaft, erläutere ihnen die Gründe für diese Entscheidung und setze sie über die drei folgenden Schritte des Outplacement-Prozesses in Kenntnis. In der zweiten Phase ist viel psychologisches Einfühlungsvermögen nötig. Ich frage die Mitarbeiter, wie sie mit der schwierigen Nachricht umgehen, gebe Hilfestellung und empfehle in Extremfällen sogar Arztbesuche oder forderte sie auf, Anwälte für Arbeitsrecht aufzusuchen. Hintergedanke dabei ist, die Menschen zu aktivieren, einen Prozess des Tätigwerdens anzustoßen, um zu verhindern, dass sie sich deprimiert und kampflos in die Arbeitslosigkeit fallen lassen. Es ist enorm wichtig, den Menschen zu helfen, ihre Ehre und ihren Stolz zu bewahren. In der dritten Phase werden die genauen Details und Formalitäten des Aufhebungsvertrages besprochen. Beim letzten Treffen, der Phase vier, wird der Vertrag unterzeichnet. Bei einigen Mitarbeitern konnte auf das dritte Gespräch verzichtet werden, unterschrieben wurde aber trotzdem bei allen frühestens nach vier Wochen.

Ich halte es zudem bis heute für ausgesprochen wichtig, dass die eigene Organisation sich um die Perspektivenentwicklung kümmert und nicht eine externe Personalagentur. Wenn Sie Mitarbeiter entlassen müssen, heißt das auch, dass Sie in diesem Moment zu wenig Arbeit haben. Ihre eigene Mannschaft verfügt also über ausreichend freie Ressourcen, um sich solidarisch und kenntnisreich für die Kollegen einzusetzen.

> Die Grundregeln meines Vier-Phasen-Outplacement-Prozesses: Zeit nehmen fürs Gespräch, ungestört bleiben, gut zuhören, Verständnis für den anderen zeigen, Argumente des anderen aufarbeiten und sachlich sein. Geben Sie den Betroffenen Zeit, mit der neuen Situation umzugehen. Es ist enorm wichtig, den Menschen zu helfen, ihre Ehre und ihren Stolz zu bewahren.

Man soll aufhören, wenn es am schönsten ist, sagt eine alte Volksweisheit. Auch für Unternehmer hat sie durchaus ihren Wert. Alexander Leis und ich haben sie mit Blick auf persönliche und betriebswirtschaftliche Interessen stets beherzigt. Es ist durchaus sinnvoll, nach fünf oder zehn Jahren zu verkaufen oder ein neues Management einzusetzen. Nach dieser Zeitspanne sind viele am Ende ihrer Innovationskraft in ein und demselben Aufgabengebiet angekommen. Beide Seiten brauchen Veränderung, um wieder Höchstleistungen erbringen zu können. Die unternehmerischen Ressourcen der Zukunft stecken in systemischen Veränderungen und Innovationen, nicht in Arbeitszeit- und Lohndebatten. Die Produktivität von Arbeitern und Angestellten verläuft proportional zu ihrer Motivation und zu großen Teilen unabhängig vom Gehalt. Der emotionale Bezug zum Unternehmen ist entscheidend. Das Gefühl, fair behandelt zu werden, ist sehr wichtig. Wenn Vorstandsgehälter von der Belegschaft mehrheitlich als unangemessen eingestuft werden, kann die beste Strategie die Firma nicht retten, denn die Mitarbeiter werden das Unternehmen aus Frust und Wut über die ihnen widerfahrene Ungerechtigkeit gegen die Wand fahren lassen.

Die unternehmerischen Ressourcen der Zukunft stecken in systemischen Veränderungen und Innovationen. Die Produktivität verläuft proportional zur Motivation und zu großen Teilen unabhängig vom Gehalt. Entscheidend ist der emotionale Bezug zum Unternehmen.

Wir haben bei unseren Unternehmensverkäufen immer in vielerlei Hinsicht gut verhandelt. Dazu gehörte, dafür Sorge zu tragen, dass der Betrieb in unserem Sinne und zum Wohl der Mitarbeiter weiterläuft. Wir haben der Belegschaft gegenüber nichts verheimlicht, uns die Käufer sehr genau angesehen und haben unsere Nachfolger mit Herzblut und Zeit eingearbeitet. Bis heute haben Alexander Leis und ich gute Kontakte zu all unseren ehemaligen Firmen, wir waren nicht nur Freunde geworden, sondern sind es auch geblieben.

✒ *In Sanierungsprozessen müssen Sie alte Strukturen zerschlagen, dürfen dabei aber nicht die Menschen missachten. Auch wenn ein Mitarbeiter eine bestimmte Position in Ihrem Unternehmen nicht zufriedenstellend ausfüllt, verdient er als Mensch Respekt. Wenn Sie selbst Ihre Grundsätze konsequent leben, werden auch Ihre Mitarbeiter sich an die Spielregeln halten und gegebenenfalls eine neue Rolle mit Freude übernehmen, auch wenn sie vielleicht auf niedrigerer Hierarchiestufe angesiedelt ist. Monetäre Verluste müssen von beiden Seiten getragen werden. Stellen Sie immer eine Win-Win-Situation her.*

Ich wünsche Ihnen bei all Ihren Unternehmungen viel Erfolg und vor allem Freude. Für Fragen bzw. Unterstützung bin ich unter der Telefonnummer: +49 - (0)611 - 6000 848 oder per E-Mail: collin-leis@t-online.de jederzeit für Sie ansprechbar.

Alle im Anhang abgebildeten Blankoformulare zur direkten Anwendung in der Praxis stehen zum Download auf der Internetseite des Gabler Verlages www.gabler.de bereit, ebenso wie die E-Reader-Version des kompletten Buches. Auf meiner Website: www.matthiascollin.de finden Sie ebenfalls alle Arbeitsformblätter und zudem eine Diskussionsplattform rund um die Themen des Buches.

Zum Autor

*„Wenn du liebst, was du tust,
wirst du nie wieder in deinem Leben arbeiten.“*

[Konfuzius, chin. Philosoph]

Matthias Collin wurde 1951 in Wiesbaden als Sohn eines Beamten geboren. Sein Wunsch, nach dem Abitur Psychologie zu studieren, kollidierte mit den väterlichen Vorstellungen. Die Familie einigte sich auf ein Jurastudium, welches Collin aber nach wenigen Monaten abbrach, um eine kaufmännische Lehre in der Edelstahlgießerei und Maschinenfabrik Rheinhütte zu beginnen. Das Traditionsunternehmen mit über 1.000 Mitarbeitern blieb für 25 Jahre seine berufliche Heimat. Dort lernte er  noch während der Ausbildungszeit Alexander Leis kennen, den unternehmerischen Wegbegleiter seiner zielstrebigen und doch auch von vielen Zufällen geprägten Laufbahn. Collins Weg führte schnell vom Sachbearbeiter zum Lehrlingsausbilder. Es folgten Stationen als Personalchef, Werksleiter und schließlich Geschäftsführer der Edelstahlgießerei, verbunden mit dem ersten Sanierungsprojekt. Nach Jahren mit zweistelligen Verlusten gelang es Collin, die Rheinhütte Guss GmbH binnen zwei Jahren wieder in die Gewinnzone zurückzuführen. Diese befriedigende Erfahrung ermutigte Matthias Collin dazu, als selbstständiger Unternehmer weiter zu arbeiten und seine persönlichen Ideen von einem für Mitarbeiter, Eigentümer und Markt zufriedenstellenden Geschäftsmodell in die Praxis umzusetzen, eine echte Win-Win-Situation zu schaffen. Das gelang ihm bis heute weitere fünf Mal erfolgreich.

Im Jahr 1994 legten Matthias Collin und Alexander Leis all ihr Erspartes zusammen und liehen sich Geld im Familienkreis. Damit kauften sie ihr erstes Unternehmen, die stark notleidende Versuchsgießerei der Tschechoslowakei, und gründeten die Team Guss GmbH. 1999 veräußerten sie die Firma nach sehr positivem Turnaround gewinnbringend an einen europäischen Konzern, zu dessen Portfolio die Gießerei noch heute gehört. Parallel gründete das Erfolgsduo die Konfektionierungsfabrik Collin & Leis k.s. Gefolgt wurde diese Unternehmung vom Aufbau des Blechverarbeiters Bode Part s.r.o. auf der „grünen Wiese" in Brno/ Tschechien. Von diesem Unternehmen trennen sie sich, um die bislang größte berufliche Herausforderung anzunehmen. 2001 wird Matthias Collin Alleinvorstand der Bode Panzer AG, einem der großen europäischen Tresorbauer, mit tiefroten Ergebnissen. Nach einigen Monaten erwarben Collin und Leis das Unternehmen und sanierten es konsequent eigenverantwortlich. 2005 verkauften sie den bis heute rentabel produzierenden Tresorspezialisten. Begleitend war Collin zudem bei Zulieferern und Kunden in Sanierungsprozessen beratend tätig. In drei Unternehmen konnte mit seiner Unterstützung innerhalb weniger Monate eine deutliche Ergebnisverbesserung erzielt werden.

Seit 2007 ist Matthias Collin als Managementcoach und Business Angel tätig. Er ist finanziell und beratend an zwei Unternehmen beteiligt. Ende 2008 gelang der erfolgreiche Verkauf eines Start-ups, der askStudents GmbH, einem Personaldienstleister auf Internetplattform. Sein Wiesbadener Büro teilt Matthias Collin bis heute mit Alexander Leis.

Anhang: Blankoformulare zur direkten Anwendung in der Praxis – Empfehlungen für Degressionslisten und zur Anwendung der Pareto-Analyse

1. Kunden nach Umsatz

Pos.	Name	Umsatz pro Monat												Summe
		1	2	3	4	5	6	7	8	9	10	11	12	
1														
2														
3														
4														
5														
6														
7														
8														
9														
10														
11														
12														
13														
14														
15														
16														
17														
18														
19														
20														
21														
22														
23														
Summe														

2. Lieferanten nach Umsatz

Pos.	Name	Umsatz pro Monat													Summe
		1	2	3	4	5	6	7	8	9	10	11	12		
1															
2															
3															
4															
5															
6															
7															
8															
9															
10															
11															
12															
13															
14															
15															
16															
17															
18															
19															
20															
21															
22															
23															
Summe															

3. Personal nach Gehalt

Name	Vorname	Ausbildung	Tätigkeit	Geburts-datum	Gehalt Ist	Gehalt Soll	Gehalt mit SV
1							
2							
3							
4							
5							
6							
7							
8							
9							
10							
11							
12							
13							
14							
15							
16							
17							
18							
19							
20							
21							
22							
23							
24							
Summe						0	0

4. Produkte nach Umsatz

Pos.	Name	Umsatz pro Monat												Summe
		1	2	3	4	5	6	7	8	9	10	11	12	
1														
2														
3														
4														
5														
6														
7														
8														
9														
10														
11														
12														
13														
14														
15														
16														
17														
18														
19														
20														
21														
22														
23														
Summe														

Zu Kapitel 1 Der Ist-Zustand

Maßnahmenplan Due Diligence KMU

Aktion/zu beschaffende Unterlagen	Anmerkung
A. Grunddaten Unternehmen/Gesellschaft	
A 1	Aktuelle Auszüge aus dem Handelsregister, inkl. der verbundenen Unternehmen	
A 2	Aktuelle Wirtschaftsauskünfte, inkl. der verbundenen Unternehmen und der Gesellschafter	
A 3	Aktuelle Gesellschaftsverträge inkl. der Protokolle aller Gesellschafterversammlungen	
A 4	Historische Aufstellung sämtlicher notarieller Urkunden über die Gründung, die Abtretung von Geschäftsanteilen sowie etwaiger Kapitalerhöhungen seit der Gründung, Angaben über den Beirat/Aufsichtsrat	
A 5	Letzter Betriebsprüfungsbericht von Finanzamt und Sozialversicherung, Auflistung der stattgefundenen Prüfungen	
A 6	Vereinbarungen mit verbundenen Unternehmen	
A 7	Vorlage aller Verträge mit Gesellschaftern, Geschäftsführern und deren nahen Angehörigen sowie verbundenen Unternehmen	
A 8	Nachweis der Veröffentlichung von Jahresabschlüssen beim Handelsgericht	
A 9		
A 10		
A 11		

	B. Finanzen	
B 1	Liste der Bankkonten inkl. Salden und Kreditrahmen	
B 2	Bilanzen sowie GuV nebst WP-Berichten für die letzten 3 Geschäftsjahre	
B 3	Finanzplanung für die nächsten 3 Geschäftsjahre (Gewinn- und Verlust) Liquidität, Cash-Flow) und 60 Monate (Gewinn und Verlust grob)	
B 4	Investitionsplanung für die nächsten 36 Monate	
B 5	Noch nicht erfüllte Verträge über Investitionen bzw. Anschaffung von Gegenständen des Anlagevermögens	
B 6	Debitorenliste mit Zahlungszielen, ggf. Prüfung der Solvenz	
B 7	Liste der Kreditoren mit Laufzeit	
B 8	Liste der laufenden Kredite mit Zins- und Tilgungsplan	
B 9	Verträge über die Inanspruchnahme oder Gewährung von Krediten und deren Besicherung, ausgenommen handelsübliche Stundungen von Forderungen oder Verbindlichkeiten	
B 10	Verträge mit Steuerberatern und Wirtschaftsprüfern	
B 11		
B 12		
B 13		

	C. Marketing/Vertrieb	
C 1	Übersicht der Umsätze in den letzten 3 Geschäftjahren, aufgeteilt nach den Hauptproduktgruppen	
C 2	Auflistung der wichtigsten Wettbewerber mit geschätzten Marktanteilen	
C 3	Liste aller aktiven Kunden (ABC) mit darauf entfallenden Umsätzen und besonderen Merkmalen	
C 4	Darstellung der kurz-, mittel- und langfristigen Marketingstrategie	
C 5	Verträge mit Handelsvertretern, Eigenhändlern und sonstigen Vereinbarungen	
C 6	Darstellung der laufenden und geplanten Werbemaßnahmen, einschließlich Muster-Prospekten	
C 7	Verträge mit Marketing- und Werbeagenturen und Beratern	
C 8	Wettbewerbsbeschränkende Vereinbarungen, insbesondere Verträge, die das Recht der Gesellschaft sachlich oder geographisch ausschließen oder beschränken, sich in bestimmten Sparten oder Bereichen zu betätigen	
C 9		
C 10		
C 11		

	D. Organisation	
D 1	Übersicht über die wesentlichen Management-Informationssysteme, Controllinginstrumente und Reporting	
D 2	Zusammenstellung der gewerblichen Schutzrechte mit stichwortartigen Angaben zum Inhaber, sachlichen und geografischen Schutzumfang und zur Schutzdauer	
D 3	Factoring-Verträge	
D 4	Lizenzverträge, Entwicklungsverträge und sonstige Vereinbarungen auf dem Gebiet der gewerblichen Schutzrechte	
D 5	Bürgschaften, Garantien oder sonstige Sicherheiten aller Art der Gesellschaft zugunsten Dritter, sowie Verpflichtungen gegenüber Dritten, die umgekehrt für die Gesellschaft Bürgschaften, Garantien oder sonstige Sicherheit gestellt haben	
D 6	Sondervereinbarungen mit wichtigen Kunden und Lieferanten	
D 7	Beraterverträge aller Art	
D 8	Liste der wichtigsten Zulieferer mit besonderen Merkmalen	
D 9	Auflistung aller schwebenden und drohenden Prozesse und behördlichen Untersuchungen und Verfahren mit kurzer Darstellung des Sachverhaltes und ihrer wirtschaftlichen Bedeutung	
D 10	Erhaltene und beantragte Subventionen und Zuschüsse mit Zuwendungsbescheiden	
D 11	Sonstige Verträge und Verpflichtungen außerhalb des gewöhnlichen Geschäftsverkehrs, soweit diese nicht bereits in eine der vorbezeichneten Kategorien fallen oder soweit diese sich nicht aus der letzten Jahresbilanz ergeben	
D 12	Aufstellung aller durch das Unternehmen angemeldete Schutzrechte und der im Unternehmen genutzten gewerblichen Schutzrechte	
D 13	Internetauftritte inkl. Verträge mit Providern, Aufstellung der genutzten Domains	
D 14	Telefon- und E-Mail-Verzeichnis aller Mitarbeiter und eingeschalteten Berater	

D. Organisation	
D 15	Auflistung der Mitgliedschaften in berufständischen Vereinigungen und damit in Zusammenhang stehender Ämter	
D 16	Aufstellung Softwareverträge	
D 17	Versicherungsverträge mit Stichwortangabe der gedeckten Risiken und Versicherungssummen, bei Industrieanlagen unter besonderer Berücksichtigung bestehender Verträge gegen Umweltschäden (z. B. Gewässerschaden-Haftpflichtversicherung)	
D18	Aufstellung der Versicherungsschäden der letzten 3 Jahre	
D 19	Unterlagen über QM, inkl. Zertifizierungsurkunden	
D 20		
D 21		
D 22		

	E. Betriebsanlagen	
E 1	Auflistung der Betriebsgrundstücke, getrennt nach Eigentums-grundstücken mit Grundbuchauszügen und Grundstücken in fremdem Eigentum mit Miet-, Pacht- und Leasingverträgen	
E 2	Darstellung der bisherigen Nutzung der Grundstücke unter besonderer Berücksichtigung früherer Industrieansiedlungen (früherer Eigentümer, Art der produzierten Stoffe und Umwelt-belastung/Altlasten)	
E 3	Darstellung der bauplanungsrechtlichen Situation der Be-triebsgrundstücke und der angrenzenden Umgebung und Vorlage eines Auszugs aus dem neuesten Bebauungsplan und Flächennutzungsplan sowie Darstellung einer eventuell abweichenden tatsächlichen Nutzung	
E 4	Verträge der vergangenen 5 Jahre über Erwerb oder Veräuße-rung von Grundstücken oder grundstücksgleichen Rechten	
E 5	Auflistung der wesentlichen im Betrieb befindlichen Anlagen und Fahrzeuge (Anlageverzeichnis + Leasing)	
E 6	Öffentlich-rechtliche Genehmigungen der Betriebsanlage einschließ-lich aller Nebenbestimmungen und Hinweise zur Genehmigung	
E 7	Auflistung aller im Betrieb vorhandener umweltgefährdender Stoffe mit Mengenangabe, Lagerungsort und Schutzvorkeh-rung, sowie aller vorhandenen umweltgefährdenden Stoffe, Kontaminationen und sonstigen Altlasten	
E 8	Darstellung der bisher behördlich oder betriebsintern festge-stellten Umweltschäden und deren Beseitigung unter Vorlage behördlicher Verfügungen und Gutachten einschließlich et-waiger Umwelt-Audits, die bereits durchgeführt worden sind, und des betrieblichen Umweltmanagement-Systems	
E 9	Bestehende Instandhaltungs- und Wartungsverträge	
E 10	Aufstellung der Miet- und Leasingverträge über betriebliche Ge-genstände und Maschinen unter Angabe der jeweiligen Laufzeit (Beginn und Ende) und der jährlichen Zahlungsverpflichtungen	
E 11		
E 12		
E 13		

F. Personalwesen	
F 1	Liste aller Arbeitnehmer, inkl. leitender Angestellter unter Angabe des Alters, des Eintrittsjahres, der Funktion und Vergütung
F 2	Dienstverträge, soweit die jährliche Vergütung mehr als 60.000 € (brutto) im Einzelfall und/oder die Kündigungsfrist mehr als 3 Monate beträgt
F 3	Pensionszusagen und dazu vorhandene versicherungsmathematische Gutachten
F 4	Betriebsvereinbarungen (inkl. etwaiger Interessenausgleichs- und Sozialplanvereinbarungen der letzten 10 Jahre) und Tarifverträge, Angaben über bestehenden Betriebsrat/Wirtschaftsausschuss
F 5	Liste der Betriebsratmitglieder
F 6	Schwebende arbeitsgerichtliche Verfahren
F 7	Ausgesprochene Kündigungen der letzten 6 Monate
F 8	Verträge mit Personalberatern
F 9	Verträge mit Zeitarbeitsunternehmen, inkl. Auflistung der Leihmitarbeiter
F 10	
F 11	
F 12	

Quelle:

Maßnahmenplan Due Diligence KMU
(C) Volker Weise - Weise Partner KG
Web: www.4-deal.de
Tel.: +49 (02173) 920700

Zu Kapitel 2 Die Blaupause

Firmenname:	Datum:

B – 00	Grundsatz

B – 01	Ist-Zustand

B – 02	

B – 03	

B – 04	

B – 05	

B – 06

B – 07

B – 08

B – 09

B – 10

B – 11 | Sonstiges

Zu Kapitel 3 Grundsätze

1. Wir existieren von und für unsere Kunden und Gesellschafter.

2. Innerhalb dieses Rahmens bilden wir unsere Organisation (Organismus) und arbeiten.

3. Wir arbeiten unkompliziert, schnell und kostengünstig.

4. Wir achten jeden Menschen und seine Ideen.

Zitat:

Wenn du ein Schiff bauen willst, so trommle nicht die Männer zusammen, um Holz zu beschaffen, Werkzeuge vorzubereiten und Aufgaben zu vergeben, sondern lehre sie die Sehnsucht nach dem endlosen Meer.

[Antoine de Saint-Exupéry]

Zu Kapitel 5 Focus Two

Pos.	verantwortlich	Projekt	Erfolg in €	Termin

Zu Kapitel 6 Verfahrensanweisungen zu ....

1. Einstellung der Maschinen/Anlagen

_____

_____

_____

_____

_____

_____

2. Besonderheiten/Beachte

_____

_____

_____

_____

_____

3. Ablauf

_____

_____

_____

_____

_____

_____

Zu Kapitel 7 Das Kommunikationsnetz

Von	An	Termin		
Arbeiter	⇨	Meister	⇨	jeweils ....
Meister	⇨	Produktionsleiter	⇨	jeweils ....
Führungsteam			⇨	jeweils ....
Führungsteam	⇨	Werksspaziergang	⇨	jeweils ....
Betriebsversammlung			⇨	einmal monatlich ......
Abteilungsübergreifend	⇨	Workshops	⇨	nach Bedarf

Datum: 18.02.2010

Gez.:

Zu Kapitel 8 Lagerbestände

	1	2	3	4	5	6	7	8	9	10	11	12	Summe
1													
2													
3													
4													
5													
6													
7													
8													
9													
10													
11													
12													
13													
14													
15													
16													
17													
18													
19													
20													
21													
22													
23													
Summe													
Unfertige Produkte													
24													
25													

Zu Kapitel 9 Standardisierung

Degressionsliste absteigend

Pos.	Bezeichnung	Vermerke	Preis in € / Stück	Anzahl	Umsatz	Umsatz in %
1						
2						
3						
4						
5						
6						
7						
8						
9						
10						
11						
12						
13						
14						
15						
16						
17						
18						
19						
20						
21						
22						
23						
24						
25						
26						
27						
28						
29						
30						
31						
32						
33						
34						
35						
36						
37						
38						
39						
40						
41						
42						
43						
44						
Summe						

Zu Kapitel 10 Lieferzeit und Liefertreue

1. Anhand der Vorgabe „X Mitarbeiter = Y Tonnen" ergibt sich eine Lieferzeit von zurzeit Z Wochen, die schrittweise auf mindestens **A Wochen** reduziert wird.

2. Innerhalb der Lieferzeit und abgeleitet vom Liefertermin für den Kunden muss für jedes Team ein eigener Liefertermin bestehen. Dieser errechnet sich wie folgt:

2.1. Vertrieb
X (1) Tage   = Vertriebstermin

2.2. Arbeitsvorbereitung
X (1) + X (2) Tage   = Arbeitsvorbereitungstermin

2.3. Produktionsschritt A
X (1) + X (2) + X (3) Tage   = Produktionstermin A

2.4. Produktionsschritt B
X (1) + ... + X (4) Tage   = Produktionstermin B

2.5. Produktionsschritt C
X (1) + ... + X (5) Tage   = Produktionstermin C

2.6. Produktionsschritt D
X (1) + ... + X (6) Tage   = Produktionstermin D

2.7. Versand
X (1) + ... + X (7) Tage   = Versandtermin

                                                      = Liefertermin

                                                      = max. Lieferzeit

Zu Kapitel 11 Null-Fehler-Qualität

Pareto-Analyse

Pareto Beanstandungen nach Fehlerart — die Anzahl der Fehlerarten, die in der Summe 80 % ergeben sind, umgehend zu analysieren und zu beheben

20xx

Pos.	Fehlerart	Gesamt	Jan	Feb	Mrz	Apr	Mai	Jun	Jul	Aug	Sep	Okt	Nov	Dez	= 80 % der Fehler
1															
2															
3															
4															
5															
6															
7															
8															
9															
10															
11															
12															
13															
14															
	Gesamt	0	0	0	0	0	0	0	0	0	0	0	0	0	

Pareto Beanstandungen nach Abteilung — die Anzahl der Fehlerarten, die in der Summe 80 % ergeben sind, umgehend zu analysieren und zu beheben

20xx

Pos.	Abteilung	Gesamt	Jan	Feb	Mrz	Apr	Mai	Jun	Jul	Aug	Sep	Okt	Nov	Dez	= 80 % der Fehler
1															
2															
3															
4															
5															
6															
7															
8															
9															
10															
11															
12															
13															
14															
	Gesamt	0	0	0	0	0	0	0	0	0	0	0	0	0	

Zu Kapitel 12 Innovationen

Jeden .... im Monat gibt es ein Treffen von Vertrieb, Forschung und Entwicklung, Produktion und Qualität etc.

Die Teilnehmer sind Teamleiter und Mitglieder des Teams. Ziel ist die integrierte Produktentwicklung.

Teilnehmer:

Managementwissen: kompetent, kritisch, kreativ

↗

Lebendigkeit im Unternehmen freisetzen und nutzen

Lebendigkeit ist der fundamentalste Wettbewerbsvorteil eines Unternehmens. Denn durch
einen hohen Grad an Lebendigkeit entsteht alles
andere: Spitzenleistung, Innovationskraft, Verän-
derungsbereitschaft, Dynamik und Tempo. Dieses
Buch zeigt, wie diese hohe Lebendigkeit in Unternehmen erreicht werden kann.

Matthias zur Bonsen

Leading with Life

Lebendigkeit im Unternehmen
freisetzen und nutzen
2009. 273 S.
Geb. EUR 39,90
ISBN 978-3-8349-1353-1

Anleitung zu mehr Mut, Entschlossen-heit, Erfolg

Mut ist die fundamentale Antriebskraft, damit wir
im Leben das erreichen, was wir wirklich wollen.
Um mutig und erfolgreich handeln zu können, benötigen wir Metaphern einer mutigen Selbsterzäh-
lung. Denn in jedem Augenblick unseres Lebens
handeln wir nach Geschichten, die wir uns selbst
erzählen – so der Managementberater und Coach
Kai Hoffmann. Mithilfe der Metapher des Boxens
wirft der Autor einen überraschenden Blick auf
unser Verhalten im Alltag. Eindringliche Praxisfälle
belegen seine einzigartige und bewährte Coaching-
methode, die auf neuesten Erkenntnissen der Ge-
hirnforschung basiert. Um seine Selbstführung im
täglichen Leben wirksam durchzuboxen, muss der
Leser nicht in den Ring steigen.

Kai Hoffmann

Dein Mutmacher bist du selbst

Faustregeln zur Selbstführung
2009. 204 S.
Geb. EUR 29,90
ISBN 978-3-8349-1664-8

Besser führen mit Humor

Mit Humor erträgt sich vieles leichter. Wie man
mit Humor besser führt, zeigt Gerhard Schwarz
in dieser spannenden und aufschlussreichen Lek-
türe. Ein echtes Lesevergnügen. Der Autor unter-
scheidet folgende Formen des Komischen: Ironie,
Schadenfreude, Satire, Sarkasmus, Zynismus und
Humor. Jetzt in der 2., überarbeiteten Auflage.
Neu sind nützliche Ergänzungen zur Rolle des Humors bei der Konsensfindung in Gruppen und Organi-
sationen sowie zur reinigenden Funktion des Humors
in stark emotional aufgeladenen Situationen.

Gerhard Schwarz

Führen mit Humor

Ein gruppendynamisches
Erfolgskonzept
2., überarb, Aufl. 2008. 220 S.
Geb. EUR 29,90
ISBN 978-3-8349-0815-5

Änderungen vorbehalten. Stand: Juli 2009.
Erhältlich im Buchhandel oder beim Verlag

Gabler Verlag . Abraham-Lincoln-Str. 46 . 65189 Wiesbaden . www.gabler.de

GABLER